中国古树名木
——济南卷

著者 王大为 赵 兵 孔凡达

顾问 贾祥云 乔 敏

江苏凤凰科学技术出版社

南京

图书在版编目（CIP）数据

中国古树名木. 济南卷 / 王大为, 赵兵, 孔凡达著
. —— 南京 : 江苏凤凰科学技术出版社, 2021.1
ISBN 978-7-5713-1605-1

Ⅰ. ①中… Ⅱ. ①王… ②赵… ③孔… Ⅲ. ①木本植
物－济南 Ⅳ. ①S717.252.1

中国版本图书馆CIP数据核字(2020)第258788号

中国古树名木——济南卷

著　　　者	王大为　赵　兵　孔凡达	
顾　　　问	贾祥云　乔　敏	
项 目 策 划	凤凰空间/杨　琦	
责 任 编 辑	赵　研　刘屹立	
特 约 编 辑	杨　琦	

出 版 发 行	江苏凤凰科学技术出版社
出版社地址	南京市湖南路1号A楼，邮编：210009
出版社网址	http://www.pspress.cn
总 经 销	天津凤凰空间文化传媒有限公司
总经销网址	http://www.ifengspace.cn
印　　　刷	河北京平诚乾印刷有限公司

开　　　本	710 mm×1 000 mm　1 / 16
印　　　张	13
字　　　数	150 000
版　　　次	2021年1月第1版
印　　　次	2023年3月第2次印刷

标 准 书 号	ISBN 978-7-5713-1605-1
定　　　价	88.00元

图书如有印装质量问题，可随时向销售部调换（电话：022-87893668）。

凡例

一、《中国古树名木——济南卷》是一部反映济南市古树名木的专著。本书采用图文并茂的形式，记述济南市古树名木的分布、状况及传说等。

二、本书记述范围为2015年济南市行政区域，年代断限及上限自事物发端，下限至2015年底。

三、本书的纪年采用公元纪年。

四、书中古树名木的信息（树龄、树高、胸径、冠幅）均以2015年普查档案资料为基础，因此2019年设立的济南市莱芜区的古树名木并未记录在内。

五、本书古树名木的标准，依据全国绿化委员会、国家林业局文件规定划分。古树指树龄在100年以上（含100年）的树木，名木指在历史上或社会上有重大影响的中外历代名人、领袖人物所植或者具有极其重要的历史、文化价值、纪念意义的树木。

目录

第一部分　总述 ················· 005

第二部分　分述 ················· 009

银杏科 ····························· 010

松科 ······························· 024

杉科 ······························· 036

柏科 ······························· 038

杨柳科 ····························· 094

胡桃科 ····························· 097

壳斗科 ····························· 098

榆科 ······························· 101

桑科 ······························· 106

蔷薇科 ····························· 108

豆科 ······························· 115

楝科 ······························· 172

大戟科 ····························· 173

漆树科 ····························· 174

卫矛科 ····························· 176

槭树科 ····························· 177

七叶树科 ··························· 178

无患子科 ··························· 180

鼠李科 ····························· 181

胡颓子科 ··························· 185

石榴科 ····························· 187

五加科 ····························· 190

山茱萸科 ··························· 192

柿树科 ····························· 193

木犀科 ····························· 196

紫草科 ····························· 201

紫葳科 ····························· 202

忍冬科 ····························· 203

附录　济南市古树名木信息
统计表 ····················· 204

第一部分

总述

济南位于北纬36°40′，东经117°00′，地处山东省中西部，南依泰山，北跨黄河，分别与西南部的聊城、北部的德州和滨州、东部的淄博、南部的泰安交界。

济南市地势南高北低，地形可分为三带：北部临黄河平原带，中部山前平原带，南部丘陵山区带。境内主要山峰有长城岭、跑马岭、梯子山、黑牛寨等。山地丘陵3000多平方千米，平原5000平方千米。最高海拔1108.4米，最低海拔5米，南北高差1100多米。

济南地处中纬度地带，由于受太阳辐射、大气环流和地理环境的影响，属于暖温带半湿润大陆性季风气候。其特点是季风明显，四季分明，春季干旱少雨，夏季温热多雨，秋季凉爽干燥，冬季寒冷干燥。年平均气温13.8℃，无霜期178天，气温最高42.5℃，最低气温-19.7℃，最高月均温27.2℃（7月），最低月均温-3.2℃（1月），年平均降水量685毫米，年日照时数1870.9小时。

济南历史悠久，是史前文化"龙山文化"的发祥地，区域内有新石器时代的遗址城子崖，有先于秦长城的齐长城，有被誉为"海内第一名塑"的灵岩寺宋代彩塑罗汉，有隋代大佛（位于历城区大佛村，凿山而成，建于隋代，为山东第一大佛）。中国首部诗歌总集《诗经》中有谭人所作讽刺诗《大东》，是现存最早的有关济南的文献。1986年12月，济南被国务院公布为国家历史文化名城。

泉城济南，泉群众多、水量丰沛，被称为天然岩溶泉水博物馆。城内百泉争涌，分布着久负盛名的趵突泉、黑虎泉、五龙潭、珍珠泉四大泉群。在2.6平方千米的范围内的老城（基本上是现今游船环城一圈的区域，即从黑虎泉出发，经泉城广场—西门—五龙潭—大明湖公园北侧—老东门—青龙桥），密布着大大小小100多处天然甘泉，其汇流成的护城河流淌到大明湖，与周围的千佛山、鹊山、华山等构成了独特的风光，使济南成为少有的集"山、泉、湖、河、城"于一体的城市，自古就有"家家泉水，户户垂柳""四面荷花三面柳，一城山色半城湖"的美誉。

济南市古树名木基本情况

济南市古树名木按树龄划分，300年以上为一级，100~300年为二级。

济南市古树名木资源丰富，分布散。2015年济南市古树名木资源调查显示，济南市现有古树名木2601株，分属28科，46属，57种；1000年以上古树7株，300~1000年古树655株，300年以下古树1544株，名木395株。其中天下第一泉景区33株（趵突泉景区17株，大明湖景区16株），千佛山景区345株，泉城公园169株，中山公园103株，动物园1株，林场215株，历下区32株，市中区68株，槐荫区52株，天桥区13株，历城区493株，长清区701株，章丘市138株，平阴县155株，济阳县18株，商河县51株，高新技术产业开发区14株。

注：市属公园单独统计，不包含在行政区域内。

古树名木保护的重要性

古树名木，是自然资源中的瑰宝，是自然界给予人类的珍贵财富，既是自然遗产，也是活的文化载体。它们是历史的一部分，见证了人类社会和自然环境的变迁，承载着地理、历史、土壤、水文和当地植被等方面的各种信息。另外，古树对研究树木生理具有特殊意义。人们无法用跟踪的方法去研究长寿树木从生到死的生理过程，而不同年龄的古树可以同时存在，能把树木生长、发育在时间上的顺序展现为空间上的排列，有利于科学研究工作。

济南市古树名木保护相关措施

济南市城市园林绿化局先后组织过四次古树名木资源调查活动：

1. 20世纪80年代对济南市重点古树名木进行了调查保护；

2. 1996年古树名木资源普查活动；

3. 2003年古树名木资源普查活动；

4. 2010—2015年古树名木资源普查活动。

历次古树名木资源普查积累了大量古树名木的相关资料，为古树名木保护复壮奠定了基础。

—— 第二部分 ——

分述

银杏科
Ginkgoaceae

银杏（*Ginkgo biloba* L.），落叶乔木，分枝繁多，有明显的长枝和短枝，高可达40米。壮龄树冠圆锥形，老树树冠呈卵形。树皮幼时浅纵裂，老则深纵裂。叶片呈扇形，有长柄，在长枝上互生，在短枝上簇生。雌雄异株。外种皮肉质，成熟时黄色，有白粉，有臭味；中种皮白色，骨质；内种皮膜质。花期4~5月。种子9~12月成熟。

银杏科仅存1属1种，为中生代孑遗植物，称活化石，我国特产。

济南市内现有银杏科银杏属银杏古树58株，主要分布于大明湖景区、历下区、槐荫区、市中区、历城区、长清区。

银杏A2-0002

A2-0002的树干

A2-0002的枝叶

银杏A2-0002

银杏A2-0002

位于市中区兴隆街道矿村白云观西侧学校院内，树龄1300年，树高33.3米，胸径185厘米，东西冠幅25.2米，南北冠幅28.6米。该树树形挺拔，保护较好，树干7.3米以上开始分枝。

银杏A5-0110、0111

银杏A5-0110

银杏A5-0110

位于历城区仲宫镇北道
沟村普门寺内，树龄600
年，树高27米，胸径155
厘米，东西冠幅20米，南
北冠幅21米。

A5-0111的根部

银杏A5-0111

位于历城区仲宫镇北道沟村普门
寺内，树龄600年，树高25米，
胸径125厘米，东西冠幅30米，
南北冠幅24米。

银杏A5-0111

银杏A5-0113

A5-0113的干部及枝叶

银杏A5-0113

位于历城区港沟街道伙路村淌豆寺内，树龄700年，树高25米，胸径176厘米，东西冠幅15米，南北冠幅20米。

银杏A5-0131、0132

银杏A5-0131、0132

位于历城区唐王镇韩西村小学内，传说为明朝龙泉寺僧人栽种，平均树高19
米，平均胸径79厘米，冠幅5米。

银杏B0-0453

银杏B0-0453

银杏B0-0453

位于历下区大明湖北极庙外，树龄500年，树高25米，胸径176厘米，东西冠幅15米，南北冠幅20米。

银杏A6-0126

银杏A6-0126

位于长清区五峰山玉皇殿东侧，雌雄同株，世所稀有，被誉为银杏之王。树高26米，胸径216厘米，东西冠幅24.6米，南北冠幅25米，树冠覆盖面积500余平方米，是山东第二古树王，也是济南市胸径最大的银杏。该树树冠丰满浓密，长势旺盛，金秋时节果实累累。民国《长清县志·五峰山志略》载其"雄花有精子，在植物中为特异"。

银杏A6-0126

A6-0126的叶

A6-0126的枝干

银杏A6-0544

A6-0544的枝叶

银杏A6-0544

位于长清区万德镇坡里庄龙居寺，当地人称公孙树，树龄已无从考证，树高26米，胸径148厘米，东西冠幅20米，南北冠幅20米。该树长势旺盛，树冠丰满，枝繁叶茂，果实累累。

银杏B3-0017-0020

银杏B3-0017-0020

位于槐荫区济南饭店2号楼北侧，树龄100年，平均树高9米，平均胸径为31厘米，东西冠幅7.1米，南北冠幅8.7米，生长势态良好。

银杏B3-0011

位于槐荫区济南饭店2号楼南侧，树龄110年，树高17.7米，胸径45厘米，东西冠幅10米，南北冠幅10米。

银杏B3-0011

银杏B3-0029

银杏B3-0031

银杏B3-0029

位于槐荫区槐荫广场，树龄100年，树高10.6米，胸径20.5厘米，东西冠幅7.2米，南北冠幅8.1米。该树四个主枝均挺拔向上，生长旺盛。

银杏B3-0031

位于槐荫区槐荫区广场，树龄100年，树高11.6米，胸径46.5厘米，东西冠幅9米，南北冠幅8.6米。

银杏B3-0040

银杏B3-0040

位于槐荫区山东省立医院内，树龄110年，平均树高21.6米，平均胸径52厘米，平均冠幅12.9米。

银杏B3-0041

位于槐荫区山东省立医院西侧草坪，树龄110年，树高18.35米，胸径38厘米，东西冠幅9米，南北冠幅7.1米。

银杏B3-0041

银杏B3-0050

位于槐荫区山东省立医院东侧草坪中间，树龄110年，树高16.7米，胸径44厘米，东西冠幅12.7米，南北冠幅11.4米。

银杏B3-0050

银杏B5-0166

银杏B5-0166

位于历城区仲宫镇北坡村柳泉观内，树龄100年以上，树高25米，胸径67厘米，东西冠幅12米，南北冠幅10米，根部有开裂。

银杏B5-0202

银杏B5-0202

位于历城区港沟街道冶河村，树龄300年，树高16米，胸径60厘米，东西冠幅6.2米，南北冠幅7.5米。

银杏果实

松科
Pinaceae

松科植物为常绿或落叶乔木，有树脂，有长枝与短枝之分。叶扁平线形或针形，叶在长枝上螺旋状互生，在短枝上为簇生。针形叶2~5针一束，着生于极度退化的短枝上，基部有膜质叶鞘。球花单性，雌雄同株，球果直立或下垂，当年或第二年种子成熟（稀有第三年成熟），熟时种鳞张开，木质或革质，宿存或成熟后脱落，每片种鳞有种子2枚。

白皮松（*Pinus bungeana* Zucc. ex Endl.），常绿乔木，树皮灰色，片状脱落，内皮灰白色；一年生小枝无毛；冬芽红褐色。针叶三针一束，粗硬；叶鞘早落。种子近倒卵形，种翅短，有关节易脱落。花期4~5月，球果第二年10~11月成熟。

济南市内现有松科松属白皮松古树40株，主要分布于市中区、平阴县。

白皮松B2-0033

白皮松B2-0033

位于市中区上新街考古研究所院内，树龄100年，树高14米，胸径70厘米。

白皮松B2-0034

白皮松B2-0034

位于市中区上新街考古研究所院内，树龄100年，树高9.6米，胸径45厘米。

白皮松B2-0035

白皮松B2-0035

位于市中区上新街考古研究所院内，树龄100年，树高9.6米，胸径60厘米。

赤松（*Pinus densiflora* Sieb. et Zucc.），常绿乔木。树皮红褐色，成片状脱落；一年生枝淡红黄色，无毛，微有白粉；冬芽红褐色。针叶2针一束，横切面半圆形；叶鞘宿存。球果卵状圆锥形；种子倒卵形或椭圆形。花期4月，球果第二年9~10月成熟。

济南市内现有松科松属赤松古树4株，历城区1株、章丘市3株。

赤松B7-0028

赤松B7-0028

位于章丘市绣惠街道茂李村村委大院，树高9.5米，胸径40.9厘米，东西冠幅7.5米，南北冠幅8米。

赤松B7-0030

赤松B7-0030

位于章丘市绣惠街道茂李村村委大院，树高8.5米，胸径38.8厘米，东西冠幅7.5米，南北冠幅8米。该树长势欠佳。

油松（*Pinus tabuliformis* Carr.），常绿乔木。树皮灰褐色，不规则鳞片状开裂；小枝粗壮，淡橙色或灰黄色，无毛；冬芽红褐色，微有树脂。针叶2针一束，稍粗硬，横切面半圆形；叶鞘宿存。球果卵形，向下弯垂，常宿存树上数年之久；种子卵形或椭圆形。花期4~5月，球果第二年10月成熟。

济南市内现有松科松属油松古树9株，主要分布于历城区、章丘市、平阴县。

油松A5-0105

油松A5-0105

位于历城区西营镇赵家庄山坡上，树龄300年，树高25米，胸径65.5厘米，东西冠幅25米，南北冠幅21米。该树姿态优美，长势良好，树形宛如笑迎宾客。

油松A5-0106

油松A5-0106

位于历城区彩石镇捎近村3号东，树龄400年，树高10米，胸径53.6厘米，东西冠幅11米，南北冠幅9米。

油松A5-0010

油松A5-0010

位于历城区西营镇藕池村，树龄300年，树高9米，胸径60厘米，东西冠幅13米，南北冠幅13米。该树笔直生长，有若干主枝被锯断，西北侧和西侧主枝枯死。

油松A7-0039

油松A7-0039

位于章丘市石匣村兴隆寺内，据说植于明末清初。树龄300年，树高13米，胸径60厘米，东西冠幅9米，南北冠幅6米。该树干粗高大通直，北侧1.2米处有两个直径约10厘米的树瘤。

油松B0-0399

油松B0-0399

位于历下区趵突泉公园沧园内，树龄120年，树高3.5米，胸径31厘米，东西冠幅7.8米，南北冠幅7.9米。该树有四处大小不等的瘤状物，树干下有一景石作支撑。

油松B5-0188

位于历城区西营镇积米峪村后山上，树龄100年，树高15米，胸径49厘米，东西冠幅15米，南北冠幅15米。该树枝繁叶茂，顶端分三大主枝。

油松B5-0188

油松B8-0001

油松B8-0002

油松B8-0001

位于平阴县洪范池镇白雁泉村，树龄240年，树高7.5米，胸径45厘米，东西冠幅7米，南北冠幅9米。该树动势偏东南。

油松B8-0002

位于平阴县洪范池镇白雁泉村，树龄240年，树高11.5米，胸径53厘米，东西冠幅12米，南北冠幅10米。该树东南部基本枯死。

油松B7-0029

位于章丘市绣惠街道茂李村，树高10.2米，胸径39.2厘米，东西冠幅5.5米，南北冠幅8.5米。该树枝分两侧，下层枝已枯死。

油松B7-0029

平阴县于林
白皮松群

平阴县于林白皮松群

平阴县于林白皮松群冬季景观

平阴县于林白皮松群

平阴县于林白皮松群全景

平阴县于林白皮松群

位于平阴县洪范池北1.5千米处于慎行墓地公园内，是明神宗万历皇帝亲赐代其为老师于慎行守墓的，原有63株，目前存有聚生成林的白皮松36株，最大的胸径74厘米，最小的36厘米，树干挺直，通体银白，经阳光照射，闪烁有光，是山东省内唯一的白皮松古树群。此外还有10余株百年以上的侧柏。

于慎行墓地公园是明资政大夫、太子少保、礼部尚书兼东阁大学士于慎行的墓地，坐北朝南。陵园占地面积4公顷。昔日，门外有一对石狮；进门有两座牌坊，名"帝赐玄卢""责难陈善"，皆是万历皇帝御书；甬道两侧有石俑、石马、石羊、石虎和华表各两对。陵墓的中心是落棺亭，其周围苍松翠柏，遮天蔽日。亭前有供后人祭奠的一张石

案和记载政绩文章及人品的10通大石碑。

于慎行，字可远，又字无垢，号谷山。生于嘉靖二十四年（1545），卒于万历三十五年（1607），谥"文定"。系明代兖州府东阿县（今山东平阴县）人，著名文学家，官至礼部尚书兼东阁大学士。家乡人尊称于慎行为"于阁老"。

据说于慎行死后，万历皇帝很悲痛，特赦建陵园于洪范池，以报师恩，因不能在于慎行墓前披麻戴孝，于是，便从全国各地找来白皮松树种，在于慎行墓前种了整整100棵白皮松，但只活了63棵。巧合的是，于慎行正是活了63岁。

杉 科
Taxodiaceae

常绿或落叶乔木，树干直立，树皮裂成长条状脱落。叶螺旋状互生，披针形、鳞片状或线形；同一枝上常有两种叶形存在。雌雄同株，球果当年成熟，熟时种鳞张开。种子扁平或为三棱形，周围或两侧有窄翅或下部有长翅；胚有子叶2~9枚。

水杉（*Metasequoia glyptostroboides* Hu. & W. C. Cheng），落叶乔木。大枝斜伸，小枝下垂，侧生小枝排成羽状，冬季脱落。叶条形，冬季与枝一同脱落。球果下垂，近四棱球形，或短圆筒形；种子扁平，倒卵形，周围有窄翅。花期2月下旬，球果11月成熟。

济南市内现有杉科水杉属水杉古树4株，大明湖景区1株、平阴县3株。

水杉B0-0454

水杉B0-0454

位于历下区大明湖南丰祠内，树高18.7米，东西冠幅8.8米，南北冠幅8.8米。该树整体茂盛，仅顶端有一枯枝。

水杉C8-0003

位于平阴县物资局院内，树高13.5米，胸径26厘米，东西冠幅4米，南北冠幅3.5米。

水杉C8-0003

C8-0003的树干

C8-0003的枝叶

柏 科
Cupressaceae

常绿乔木或灌木。叶鳞形或刺形，或同一株上兼有两型叶；鳞叶交互对生，基部下延与小枝紧密贴生；刺形叶3~4片轮生。球花单性，雌雄同株或异株，单生枝顶或叶腋，球果圆球形、卵形或圆柱状；种鳞扁平或盾形，木质或近革质，成熟时张开，或肉质合生呈浆果状；种子有翅或无翅。

侧柏 [*Platycladus orientalis*（L.）Franco]，常绿乔木。树皮薄，裂成纵条片，浅灰色；生鳞叶的小枝直立向上直展或斜展，排成一平面。鳞叶紧贴小枝上，交互对生；球果近卵形，成熟后木质，开裂；种子长卵形或近椭圆形，花期3~4月，球果10月成熟。

济南市内现有柏科侧柏属侧柏古树1369株，分布于千佛山景区、历下区、市中区、长清区、历城区、章丘市。

侧柏A0-0005

侧柏A0-0005

位于历下区千佛山茶社广场路西，树龄330年，树高11.2米，胸径52.5厘米，东西冠幅7.4米，南北冠幅8米。

侧柏A0-0004

侧柏A0-0004

位于历下区千佛山茶社广场，树龄400年，树高8.6米，胸径60.5厘米，东西冠幅6米，南北冠幅6.1米。该树冠微向南倾，树形较完整。

侧柏A0-0006

侧柏A0-0006

位于历下区千佛山茶社广场北石狮西，树龄330年，树高9.35米，胸径52.86厘米，东西冠幅7.8米，南北冠幅6.5米。

侧柏A0-0007

侧柏A0-0007

位于历下区千佛山观音园东北侧，树龄330年，树高11.1米，胸径53.2厘米，东西冠幅7.6米，南北冠幅7.5米。

侧柏A0-0009

侧柏A0-0009

位于历下区千佛山观音园南侧，树龄310年，树高10.5米，胸径51.3厘米，东西冠幅6.5米，南北冠幅8.5米。该树下部枝有枯死现象。

侧柏A5-0051

侧柏A5-0051

位于历城区华山街道华阳宫内，树龄960年，树高9米，胸径35厘米，东西冠幅8米，南北冠幅6米。该树树干扭曲生长，偏向西北。

侧柏A5-0055

侧柏A5-0055

位于历城区华山街道华阳宫内，树龄900年，树高10米，胸径80厘米，东西冠幅6米，南北冠幅10米。

历城区华阳宫古柏群

历城区华阳宫古柏群

华阳宫，因位居华山之阳而得名，是济南现存规模最大的道教宫观，建设年代无详细记载。明代学者王象春在《齐音·元阳子》一书中记有："晋元阳子，长白山人，得《金碧潜通》一书于伏生（秦朝博士）墓中，细为注解，携之修真于华阳宫。"秦汉之际，皇帝多次至泰山举行封禅大典，方士借机把济南地区发展为道教圣地。至金代，有史载，金兴定四年（1220年），由丘处机的弟子陈志渊拓建华阳宫，自此香火绵延，经久不衰，渐成规模。

历城区华阳宫古柏群

历城区华阳宫古柏群

侧柏A5-0056

侧柏A5-0056

位于历城区华山街道华阳宫内，树龄950年，树高12米，胸径80厘米，东西冠幅8米，南北冠幅6米。

侧柏A5-0057

侧柏A5-0057

位于历城区华山街道华阳宫内，树高12米，胸径80厘米，东西冠幅10米，南北冠幅10米。

侧柏A5-0060

侧柏A5-0060

位于历城区华山街道华阳宫内，树龄900年，树高14米，胸径90厘米，东西冠幅6米，南北冠幅8米。

侧柏A5-0061

侧柏A5-0061

位于历城区华山街道华阳宫内，树龄950年，树高13米，胸径90厘米，东西冠幅8米，南北冠幅8米。

侧柏A5-0058

侧柏A5-0058

位于历城区西营镇丁家峪村白云观，树高12米，胸径100厘米，东西冠幅10米，南北冠幅10米。该树于离地高两米的岩石生出，向东南倾斜生长。

侧柏A5-0058

A5-0058的根部

侧柏A5-0062

侧柏A5-0062

位于历城区华山街道华阳宫内四季殿前，树龄900年，树高15米，胸径100厘米，东西冠幅8米，南北冠幅10米。该树长势良好。

侧柏A5-0063

侧柏A5-0063

位于历城区华山街道华阳宫内，树高8米，胸径35厘米，东西冠幅4.5米，南北冠幅6.5米。

侧柏A5-0064

侧柏A5-0064

位于历城区华山街道华阳宫内四季殿前，树高11米，胸径45厘米，东西冠幅8米，南北冠幅8米。

侧柏A5-0067

侧柏A5-0067

位于历城区华山街道华阳宫，树高13米，胸径65厘米，东西冠幅7米，南北冠幅7米。该树西南侧树皮完全脱落。

侧柏A5-0085

侧柏A5-0085

位于历城区仲宫镇邢家村山坡，树高8米，胸径110厘米，东西冠幅8米，南北冠幅10米。该树略向东倾斜，有部分枯死枝。

A5-0085的根部

A5-0085的树干

侧柏A5-0083

侧柏A5-0083

位于历城区仲宫镇北道沟普门寺，树龄300年以上，树高12.5米，胸径71厘米，东西冠幅12米，南北冠幅10米。

侧柏A5-0084

侧柏A5-0084

位于历城区仲宫镇上坡村，树龄400年，树高13米，东西冠幅7米，南北冠幅6米。该树生长在水旁边，无主干,从根部分出两个主枝。

侧柏A5-0093

侧柏A5-0093

位于历城区柳埠镇四门塔旁，树高约15米，树龄近2000年，胸径180多厘米，称九顶松，也叫千岁松，有"齐鲁第一树"的美称。九顶松是济南市树龄最长的侧柏，主干顶端生长9股粗壮的分枝故称"九顶松"， 又因其树龄高又名"千岁松"。 传说，东晋初年，一位朗姓高僧在此修建了朗公寺，后改名为神通寺。这棵柏树便位于神通寺内。一天傍晚，一只五彩凤凰栖息在该树上。黎明时分，神通寺和尚敲响寺内晨钟，洪亮的钟声惊飞了凤凰。由于起飞时用力过猛，凤凰蹬断了粗大的树干。一夜之后，树干折断之处长出了9股粗大的树枝，整个柏树长得更加雄健、壮观。据说，

九顶松石碑

A5-0093根部

A5-0093

A5-0093树干

此树许愿十分灵验，隋文帝杨坚未做皇帝前曾在此树下许愿要当皇上，后来就做了皇帝。

树龄虽近2000年，该树仍枝叶茂盛，挺拔苍劲，茂密葱茏。其与四门塔相伴千年，老树古塔相映成趣、秀丽壮观，称为"古塔松风"，为历城新八景之一。

侧柏A5-0066

侧柏A5-0066

位于历城区仲宫镇西商家庄村西，树龄400年，树高8米，胸径62厘米，东西冠幅4米，南北冠幅3米。该树树干底部开裂。

侧柏A5-0099

侧柏A5-0099

位于历城区华山街道华阳宫观音殿前，树龄300年，树高7米，胸径70厘米，东西冠幅6米，南北冠幅6米。该树略向西南偏冠，东侧主枝枯死。

侧柏A5-0122

侧柏A5-0122

位于历城区华山街道华阳宫内，树龄300年，树高8米，胸径35厘米，东西冠幅4米，南北冠幅8米。该树长势良好，树干顶端分为三大主枝。

侧柏A5-0123

侧柏A5-0123

位于历城区华山街道华阳宫四级殿北，树龄300年，树高9米，胸径35厘米，东西冠幅3.5米，南北冠幅3.5米。该树长势欠佳，树冠稀疏，底部有枯死枝。

侧柏A5-0133

侧柏A5-0133

茶柏。位于历城区柳埠镇九顶塔寺前平台，树龄1000年，树高17米，胸径140厘米，东西冠幅8米，南北冠幅14米。该树分九大主枝。

侧柏A5-0134

侧柏A5-0134

烟柏。位于历城区柳埠镇九顶塔寺前平台，树龄1000年，树高17米，胸径133厘米，东西冠幅8米，南北冠幅14米。

侧柏A5-0133、0134

侧柏A5-0133、0134

据九顶塔寺前墙石碑记载，此二柏为唐代尉迟敬德所植。相传，当地有一豪绅想用这树做寿器，便派人来伐，锯口处流血不止。锯者欲罢，豪绅不肯。此时，突然电闪雷鸣，一声霹雳，豪绅倒地毙命，故人们称这两株古柏为"灵柏"，倍加保护。

侧柏A5-0133、0134

侧柏A5-0133、0134

树干及根部

五峰山古柏群

五峰山古柏群

济南市数量最多的古树群——五峰山古柏群

五峰山，位于长清区东南20千米，因有5个并列的山峰而得名，属泰山山脉，主峰海拔
395米。

五峰山道观始建于金代，明代达到极盛，分为南北二观。北观称洞真观，南观称玄都
观，有明德王府的6座王墓。清顺治年间，道观遭兵火破坏而衰败。现仍有洞真观建筑群
遗址和玄都观的八字墙以及金元至明清碑碣数十通。山上古木参天，尤以柏树为奇。

洞真观，金泰和年间（1201—1208）由全真教道士邱志园、范志明创建。元代被封为
"护国神虚宫"。明万历皇帝赐名"隆寿宫"，敕建"保国隆寿宫石坊"，并颁发《道
藏》经一部480函。至此，洞真观进入鼎盛时期，"楼殿岿崇，金碧辉荧"。清代以
后，洞真观渐趋衰败。

五峰山古柏群

五峰山古柏群

洞真观玉皇殿院内古柏众多，浓荫蔽日，其中13株尤胜，俗称"十三太保"。 13棵古朴壮观的古柏傲然挺立于主路两侧。这些古柏树干胸围平均在1.85米以上，但依然枝繁叶茂，挺拔苍劲，给洞真观这座古建筑群陡添了肃穆庄严的气氛。据说，这些树植于元代，是五峰山一位主持道人为纪念亡儿所栽，算来有700多年树龄。相传，那位主持道人系半路出家。出家后，忽有 了夭亡，深怀伤子之痛的道人不能像普通人那样涕泪号啕，便每在亡儿忌日于此植柏一棵，以排解白发人悼黑发人的悲情。可惜，老道人栽到第十三棵时便羽化升天。后来，清顺治皇帝驾临五峰山闻知此事，非常感动，将这13棵柏树封为十三太保。这些树便更为世人珍视。清末民初，当地出了一个被百姓谑称为"五峰皇上"的廪生，与官府狼狈勾结，将"十三太保"和山上许多古树一起高价出卖。伐树时，被附近石窝村村民发现，便推举李文灿等人为首，联络周围14个村的首领，发动民众募捐集资，将"十三太保"赎回，保住了这些五峰山不可多得的风景资源和珍贵文物。

侧柏A6–0106

侧柏A6–0106

位于长清区五峰山皇宫门牌坊西南侧，树龄300年，树高10米，胸径62.5厘米，东西冠幅8.5米，南北冠幅8.5米。

侧柏A6–0107

侧柏A6–0107

位于长清区五峰山皇宫门牌坊西南侧，树龄300年，树高11米，胸径58.5厘米，东西冠幅5.5米，南北冠幅4.5米。

侧柏A6-0108

侧柏A6-0108

位于长清区五峰山皇宫门牌坊西南侧，树龄300年，树高15米，胸径60厘米，东西冠幅8米，南北冠幅8米。

侧柏A6-0109

侧柏A6-0109

位于长清区五峰山牌坊西北侧，树龄300年，树高9米，胸径39厘米，东西冠幅5米，南北冠幅5米。

侧柏A6-0118

侧柏A6-0118

位于长清区五峰山五朝门院内，树龄300年，树高11米，胸径63厘米，东西冠幅8米，南北冠幅8米。该树长势较好，次枝较多。

侧柏A6-0123

侧柏A6-0123

位于长清区五峰山玉皇殿前，树龄300年，树高7米，胸径33厘米，东西冠幅6米，南北冠幅6米。该树长势一般，毛细枝较多。

侧柏A6-0490

侧柏A6-0490

位于长清区马山镇关王庙小学门口，树龄300年，树高8米，东西冠幅12米，南北冠幅10米。该树基部分两大主枝，枝蜿蜒生长，姿态优美。

侧柏A6-0497

侧柏A6-0497

位于长清区双泉镇尹庄路中央，树龄300年，树高9米，胸径64.5厘米，东西冠幅8米，南北冠幅8米。该树长势旺盛，西侧主枝被截短；北侧方向看，其冠形犹如山东地图。

侧柏A6-0070

侧柏A6-0070

位于长清区万德镇义灵关村幼儿园内，树龄300年，树高13米，胸径72厘米，东西冠幅9米，南北冠幅9米。该树树干扭曲生长，南侧1.2米以下向下开裂，分两大主枝，略向东北倾斜。

侧柏A6-0071

侧柏A6-0071

位于长清区万德镇石都庄村高速路边，树龄300年，树高11米，胸径105厘米，东西冠幅9米，南北冠幅13米。该树树冠蜿蜒伸展，姿态优美，长势较好，略向东南偏冠。

侧柏A7-0037

侧柏A7-0037

位于章丘市官庄街道张家庄村北，树龄300年，树高8.5米，胸径107厘米，东西冠幅8米，南北冠幅8米。该树长势旺盛。

侧柏A7-0038

位于章丘市官庄街道张家庄村路东侧，树龄300年，树高7.5米，东西冠幅3.5米，南北冠幅7.5米。该树东西侧扁平，西北侧狭长。

侧柏A7-0038

侧柏A7-0028

侧柏A7-0028

位于章丘市曹范镇没口村，树高18米，胸径138厘米，东西冠幅8.5米，南北冠幅13米。该树顶部枝多枯死，长势一般。

侧柏A7-0052

侧柏A7-0052

位于章丘市官庄街道朱家峪村，树高8米，胸径105厘米，东西冠幅13米，南北冠幅11米。该树长势较好。

侧柏A6-0011

侧柏A6-0011

位于长清区张夏镇义净寺大雄宝殿前，树高15米，胸径80厘米，东西冠幅12米，南北冠幅9米。该树东侧树皮4米以下脱落，树干有很多毛细枝。

侧柏A6-0043

侧柏A6-0043

位于长清区玉皇山下，树高4米，胸径50厘米，东西冠幅3米，南北冠幅4米。该树底部有少量枯死枝，向东南偏冠。

侧柏A6-0010

侧柏A6-0010

位于长清区五峰山皇宫牌坊北侧，树高15米，胸径71厘米。该树分四大主枝，长势一般。

侧柏A6-0016

侧柏A6-0016

位于长清区五峰山皇宫牌坊北侧，树高14米，胸径52厘米，东西冠幅5米，南北冠幅5米。

侧柏A6-0117

侧柏A6-0119

侧柏A6-0117

位于五峰山皇宫门牌坊北侧，树高13米，胸径69厘米，东西冠幅10米，南北冠幅8米。该树长势较为衰弱，一主枝仅剩底部树皮存活。

侧柏A6-0119

位于五峰山五朝门院内，树高11米，胸径80厘米，东西冠幅10米，南北冠幅10米。

侧柏A6-0121

侧柏A6-0121

位于五峰山玉皇殿前，树高10米，胸径41厘米，东西冠幅8米，南北冠幅8米。该树长势较好，无明显主枝。

侧柏A6-0132

侧柏A6-0132

位于五峰山九莲圣母殿内，树高10米，东西冠幅5米，南北冠幅8米。该树分两大主枝，长势一般。

侧柏A6-0149

A6-0149的树干

A6-0149的树根

侧柏A6-0149

位于长清区五峰山玉皇殿西侧，迎仙桥上方。树高9.5米，胸径116厘米，东西冠幅10米，南北冠幅10米。该树长势衰弱，干体主枝大半部树皮脱落。据传，此柏植于秦代，故称"秦柏"。又因"身在故土为异客"，曰"天津客"，它记录了我们中华民族一段屈辱的历史。据《五峰山志》记载，五峰山上的柏树柔韧且坚硬，木纹特美而赤心，为木中珍品。八国联军侵略中国时，清廷一重臣把五峰山上成材的柏树全部"卖"给了驻天津的法国客商。天津有法国人的租界地，法国客商把掠夺到的木材，锯成木板，发送到天津火车站，再待机装船运去法国。不久，曹福田率领义和团联合部分清军，开炮猛攻火车站和法租界，把存放在天津火车站的五峰山木材焚毁殆尽。后来发现，在砍伐柏树时，玉皇殿前这株已被圈点在内的古柏意外漏伐，奇迹般保存下来。因为它已被"卖"到了天津，所以管它叫"天津客"。

侧柏A6-0141

侧柏A6-0141

位于五峰山真武殿前西侧，树高10.5米，胸径45厘米，东西冠幅8米，南北冠幅8米。

侧柏A6-0142

侧柏A6-0142

位于五峰山真武殿前东侧，树高9.5米，胸径48厘米，东西冠幅8米，南北冠幅8.3米。

侧柏A6-0149

侧柏A6-0149

位于五峰山三元殿门前东侧，树高10米，胸径80厘米，东西冠幅8米，南北冠幅8米。该树长势较好，向南偏冠。

侧柏A6-0150

侧柏A6-0150

位于五峰山三元殿门前西侧，树高8米，胸径62厘米，东西冠幅3.5米，南北冠幅5.5米。该树长势衰弱，树冠稀疏。

侧柏A6-0159

侧柏A6-0159

位于五峰山三元殿内，树龄300年，树高9.5米，东西冠幅6米，南北冠幅6米。

侧柏A6-0160

侧柏A6-0160

位于五峰山三元殿内，树高11米，胸径38厘米，东西冠幅7米，南北冠幅5米。该树长势衰弱。

侧柏A6-0178

A6-0178的枝干

侧柏结果状

A6-0178的树干

侧柏A6-0178

位于五峰山景区正门东侧,树龄800年,树高6.5米,胸径57.5厘米,东西冠幅10米,南北冠幅10米。该树誉名"五叶松",因集侧柏、桧柏、圆柏、刺柏五种松柏枝叶于一身而得名。

侧柏A6-0181

侧柏A6-0181

位于五峰山五股穿心柏西南,树龄300年,树高9.5米,东西冠幅5.5米,南北冠幅5.5米。该树由"生命石"缝中向西北生出竖直向上生长,将"生命石"分为上下两段。

A6-0181的根部

生命石

侧柏A11-0002

侧柏A8-0006

侧柏A8-0006

位于历城区孙村街道李家楼村南，树高8米，胸径55厘米，东西冠幅7米，南北冠幅7.5米。该树东南侧有高0.8米、宽40厘米的树洞，无树皮。

侧柏A11-0001

位于历城区孙村街道灯泡厂内,树龄400年以上,树高9米,胸径65厘米,东西冠幅4米,南北冠幅7米。

侧柏A11-0001

侧柏A8-0073

侧柏A8-0073

位于平阴县翠屏山,树龄300年以上,树高2.5米,胸径28厘米,东西冠幅5米,南北冠幅2米。

侧柏A2-0015

侧柏A2-0015

位于市中区白马山街道后魏华村，树龄500年以上，树高11.6米，胸径75厘米，东西冠幅6.4米，南北冠幅8.6米。该树南部生长旺盛，北枝部分枯死。

侧柏A2-0016

侧柏A2-0016

位于市中区兴隆街道涝坡村，树龄500年以上，树高10.6米，胸径70厘米，东西冠幅6米，南北冠幅10米。该树枝干扭曲，如游龙一般。

侧柏A2-0017-22

侧柏A2-0017-22

侧柏A2-0017-22

位于市中区十六里河街道,树龄300多年,树高14.1米,胸径50厘米,东西冠幅5.8米,南北冠幅5.6米

A2-0017-22枝干

侧柏A2-0026

侧柏A2-0026

位于市中区回民小区清真南大寺，树龄300年，树高12.5米，胸径65厘米，东西冠幅6.8，南北冠幅9.5米。该树树冠向西倾斜，东侧向阳生长旺盛，西侧临靠屋檐不长枝条，只有瓦上树冠有少许枝条生长。

侧柏A2-0029

侧柏A2-0029

位于市中区回民小区清真北大寺内，树龄400年以上，树高11.5米，胸径50厘米。该树树枝生长旺盛。

侧柏A4-0001

侧柏A4-0001

位于天桥区小寨村清真寺外院正东，树龄400年，树高17米，胸径73.2厘米，东西冠幅7米，南北冠幅8米。

侧柏A4-0002

侧柏A4-0002

位于天桥区小寨村清真寺外院西南，树龄300年，树高20米，胸径30厘米，东西冠幅7米，南北冠幅8.2米。

侧柏A4-0003

侧柏A4-0003

位于天桥区小寨村清真寺外院西北，树龄300年，树高21米，胸径34厘米，东西冠幅6米，南北冠幅7米。

侧柏A4-0004

侧柏A4-0004

位于天桥区小寨村清真寺外院东北，树龄300年，树高21米，胸径30厘米，东西冠幅6米，南北冠幅7米。

侧柏A4-0005

侧柏A4-0005

位于天桥区小寨村清真寺外院东，树
龄300年，树高17米，胸径30厘米，
东西冠幅5米，南北冠幅5米。

侧柏A7-0015

侧柏A7-0015

位于章丘市文祖街道锦屏山，树高5
米，胸径72.5厘米，东西冠幅3米，南
北冠幅4米。该树仅剩北侧树冠，南侧
仅有几个分枝存活，长势衰弱。

侧柏A7-0026

侧柏A7-0026

位于章丘市文祖街道东张村西小学门口西侧，据当地人传说树龄600年，树高11米，胸径86.5厘米，东西冠幅7.5米，南北冠幅12.5米。该树一主枝向南延伸较多，冠呈南北狭长形，生长旺盛，冠向偏西。

侧柏A7-0027

侧柏A7-0027

位于章丘市文祖街道东张村西小学门口东侧，据当地人传说树龄600年，树高13米，胸径101.5厘米，东西冠幅7.5米，南北冠幅11米。该树树冠偏东，向东延伸较长。

侧柏A7-0034

侧柏A7-0034

位于章丘市埠村镇大冶村清真寺内，据阿訇讲植于建寺之初，距今400年，树高14米，胸径62.5厘米，东西冠幅7.5米，南北冠幅8.5米。该树长势较好。

侧柏A7-0053

侧柏A7-0053

位于章丘市曹范镇，树高13米，胸径82厘米，东西冠幅9.5米，南北冠幅8米。该树东侧干多树缝。

云翠山古柏群

云翠山古柏群

平阴县云翠山的名胜
古迹周围，生有120
株树龄200年以上的
侧柏和10余株平均胸
径43.5厘米的榆树，
以及1株胸径63厘米
的杏树。

翠屏山古柏群

平阴县玫瑰镇翠屏山上有56株树龄500年以上的侧柏，树根附着石上，树干虬曲瘤突，枝柯斜伸横展，形状千姿百态。盘山路中段路旁，生长在陡峭岩缝里的1株侧柏，虽只有10厘米宽的树皮连接，仍叶茂枝荣。

翠屏山古柏

翠屏山古柏群

圆柏（*Juniperus chinensis* L.），亦称桧柏，常绿乔木。树皮呈狭条片脱落；生鳞叶的小枝近圆柱形或四棱形，有刺叶和鳞叶两种类型；花期3~4月，球果暗褐色，有白粉或白粉脱落，第二年10~11月成熟。

济南市内现有柏科圆柏属圆柏古树11株，分布于历城区、长清区、平阴县。

圆柏A6-0094

圆柏A6-0094

位于长清区平安街道石马村东山，树高7.5米，胸径59厘米，东西冠幅8米，南北冠幅8米。该树东侧树皮大部分脱落，分两大主枝，干底镂空。

圆柏A6-0104

圆柏A6-0104

位于长清区张夏镇土屋村四禅寺小学内，树高13米，胸径76厘米，东西冠幅7米，南北冠幅8米。该树冠形优美，树枝蜿蜒生长，簇成一团，树冠浓密饱满，犹如云朵，长势较好。

圆柏A8-0008

圆柏A8-0009

圆柏A8-0008

位于平阴县洪范池镇龙池，树龄860年，树高12米，胸径72厘米，东西冠幅4米，南北冠幅5米。该树干向左扭曲，呈丁字形。

圆柏A8-0009

位于平阴县洪范池镇龙池，树龄860年，树高14米，胸径103厘米，东西冠幅8米，南北冠幅7米。

千头柏（*Platycladus orientalis* 'Sieboldii'），亦称扫帚柏，丛生灌木，无主干。枝密斜伸，树冠长卵形或球形。

济南市内现有柏科侧柏属千头柏古树56株，主要分布于趵突泉景区、中山公园内。

千头柏A5-0108

千头柏A5-0108

位于历城区西门沟村，树龄400年以上，树高15米，胸径73.5厘米，东西冠幅8米，南北冠幅9米。当地人称其为"子孙柏"。

千头柏A5-0109

千头柏A5-0109

位于历城区西门沟村，树龄400年，树高15米，胸径73.5厘米，东西冠幅8.5米，南北冠幅9米，分四大主枝。

杨柳科
Salicaceae

落叶乔木或灌木。有顶芽或无顶芽，牙鳞1至多数。单叶互生，有托叶。花单性，雌雄异株。无花被，花着生于苞腋内，基部有杯状花盘或腺体。蒴果裂为2~4瓣，种子多枚，基部围有一簇丝状长毛。

旱柳（*Salix matsudana* Koidz.），乔木，树皮暗灰黑色，纵裂；枝直立或斜展，褐黄绿色，后变褐色，幼枝有毛；芽褐色，微有毛。叶披针形，先端长渐尖，基部窄圆形或楔形，叶正面绿色，背面苍白色，叶缘有细锯齿，叶柄短，有长柔毛；花序与叶同时生长。花期4月，果期4~5月。

济南市内现有杨柳科柳属旱柳古树2株，大明湖景区1株、历城区1株。

旱柳B0-0455

旱柳B0-0455

位于大明湖历下亭，树龄170年，树高4.9米，胸径127厘米，东西冠幅5米，南北冠幅6米。

B0-0455的根部和支撑

B0-0455的根部和支撑

旱柳C5-0001

C5-0001干部

位于历城区王舍人街道幸福柳广场，树龄200年，树高17米，胸径82.8厘米，东西冠幅15米，南北冠幅10米。该树主干虫害较严重，四大主枝均被截短，且后端部枯死。

落叶乔木，裸芽或鳞芽。叶互生，羽状复叶，无托叶。花单性，雌雄同株，风媒；雄花序柔荑状，生于叶腋或芽鳞腋内；雌花序穗状，顶生，直立或下垂。

胡桃（*Juglans regia* L.）亦称核桃，乔木，树皮幼时暗灰色，平滑，老时纵裂；枝无毛。叶椭圆形或椭圆状倒卵形，先端钝尖，基部楔形或近圆形，侧生小叶基部偏斜，全缘，叶有香气。果球形，无毛；核两端平或钝。花期4~5月，果期9~10月。

济南市内现有胡桃科胡桃属核桃古树6株，主要分布于章丘市、历城区、平阴县内。

核桃A7-0054

核桃结果状

核桃A7-0054

位于章丘市曹范镇三王峪景区内，树龄300年，树高11米，胸径60厘米，东西冠幅14米，南北冠幅16米。

壳斗科
Fagaceae

落叶或常绿乔木。小枝有顶芽，单叶互生；托叶早落。花单性，雌雄同株；无花瓣，花萼4~6深裂；坚果包藏于球形壳斗内，或部分包于杯状、碗状、碟形壳斗内；种子无胚乳。

板栗（*Castanea mollissima* Blume），落叶乔木。树皮灰色，不规则纵裂，小枝密被茸毛。叶矩圆形或椭圆状，先端渐尖或短尖，基部圆形或阔楔形，背面密被灰白色星状毛，老叶毛较少，边缘有粗壮锯齿，齿端芒状。壳斗近圆形，成熟时开裂，花期5~6月，果期8~10月。

济南市内现有壳斗科栗属板栗古树103株，主要分布于历城区、章丘市内。

历城区西营镇藕池村古板栗群

古板栗群

位于历城区西营镇藕池村，102株树龄300年以上的板栗枝叶茂盛，硕果累累，老而不衰，规模之大实属罕见。

板栗A7-0043

板栗A7-0043

位于章丘市垛庄镇，树龄300年，树高11米，胸径148厘米，东西冠幅16米，南北冠幅12米。

板栗结果状

板栗B5-0050

位于历城区柳埠镇龙门山庄，树龄250年，树高9.5米，胸径67厘米，东西冠幅12米，南北冠幅13米。

板栗B5-0050

榆 科
Ulmaceeae

落叶乔木或灌木。单页互生，通常基部偏斜，三出脉或羽状脉，边缘有锯齿，托叶早落。花两性、单性或杂性；单生或簇生，或成伞状花序；花单被，萼4~8裂，裂片覆瓦状排列，宿存；果实为翅果、小坚果或核果，种子无胚乳，子叶扁平或卷曲。

榔榆（*Ulmus parvifolia* Jacq.），落叶乔木。树皮灰色，片状剥落。小枝灰褐色，密生短柔毛；冬芽卵形，紫红色，不紧贴小枝。叶椭圆形，卵形或倒卵形，先端短渐尖，基部阔楔形或近圆形，不对称，边缘有单锯齿，叶正面无毛，背面脉腋有白色柔毛。花簇生于新枝叶脉；翅果较小，椭圆形。花期三月，果期四月。

济南市内现有榆科榆属榔榆古树2株，分布于趵突泉景区和长清区。

榔榆B0-0469

位于历下区趵突泉公园一大殿西侧，树龄100年，树高12米，东西冠幅10米，南北冠幅8米。

榔榆B0-0469

大果榆（*Ulmus macrocarpa* Hance），亦称黄榆，乔木或灌木。树皮黑褐色，纵裂，小枝灰褐色，幼时有毛，两侧常有扁平木栓翅；叶倒卵形或椭圆状倒卵形，先端突尖，边缘有重锯齿，质较厚，叶正面有硬毛，粗糙，背面有粗毛，叶柄有白色柔毛；翅果倒卵形，两面及边缘有毛，果核位于中央。花期4月，果期4~5月。

济南市内现有榆科榆属大果榆古树1株，位于平阴县内。

大果榆B8-0016

B8-0016的枝叶

大果榆B8-0016

位于平阴县玫瑰镇翠屏山，树龄120年，树高4.8米，胸径50厘米，东西冠幅2米，南北冠幅5米。

白榆（*Ulmus pumila* L.），落叶乔木。树皮暗灰色，纵裂；小枝灰白色，细柔，初有毛；冬芽卵形，暗棕色，有毛。叶卵形或卵状椭圆形，先端渐尖，基部阔楔形或近圆形，近对称，边缘有不规则的重锯齿或单锯齿，叶正面无毛，背面脉腋有簇生毛；裂果近圆形，熟时黄白色，花期3月，果期4~5月。

济南市内现有榆科榆属白榆古树1株，位于平阴县内。

白榆B8-0010

白榆B8-0010

位于平阴县玫瑰镇翠屏山，树龄220年，树高6米，胸径48厘米，东西冠幅5.5米，南北冠幅6.5米。该树树干中空，有不规则扭曲。

白榆结果状

小叶朴（*Celtis bungeana* Blume），亦称黑弹树，乔木。树皮淡灰色，平滑。叶卵形或卵状椭圆形，先端渐尖或近尾尖，边缘上半部有浅钝锯齿，有时近全缘，两面无毛，近革质。核果球形，果柄长于叶柄两倍以上；果核白色，表面近平滑。花期3~4月，果期10月。

济南市现有榆科朴属小叶朴古树6株，主要分布于市中区、长清区内。

小叶朴B6-0035

小叶朴B6-0035

位于长清区孝里镇大峰山峰云观门外，树高14米，胸径65厘米，东西冠幅10米，南北冠幅10米。该树树身有多处不规则突起，干体有少量虫洞。

小叶朴B6-0036

位于长清区孝里镇大峰山峰云观门外，树高12米，胸径62厘米，东西冠幅12米，南北冠幅10米。该树树干略向南倾斜，竖直向上一主枝枯死。

小叶朴B6-0036

青檀（*Pteroceltis tatarinowii* Maxim.），亦称翼朴，落叶乔木。树皮淡灰色，片状剥落，内皮淡绿色；小枝褐色，初有毛，后光滑。叶卵形或椭圆状卵形，叶正面无毛或有短硬毛，背面脉腋有簇毛；叶柄无毛。小坚果两侧有宽翅，近圆形，翅厚，木质，先端凹陷，无毛，果柄细。花期4月，果期7~8月。

济南市现有榆科青檀属青檀古树210株，主要分布于龙洞风景区、长清区内。

青檀A6-0024

青檀A6-0024

A6-0024的根部

青檀A6-0024

位于长清区万德镇灵岩村檀抱泉，树龄300年，树高12米，胸径125厘米，东西冠幅25米，南北冠幅25米。该树是济南市胸径最大的青檀。此树下有一泉，名檀抱泉，又名东檀池、檀井。泉水经树下流出，叮咚作响，潺湲下行约十余米，汇入一石塘中。该泉常年不涸，泉水清澈甘甜，并于2004年4月被评定为新七十二名泉之一。

桑 科
Moraceae

乔木或灌木，藤本或草本，植物体常有乳状汁液，有枝刺或无刺；单叶或互叶，全缘，有齿或分裂，羽状脉或掌状脉；托叶早落。花单性，雌雄异株或同株；聚花果。

龙桑（*Morus alba* 'Tortuosa'），亦称九曲桑，落叶乔木，树皮黄褐色，浅裂。枝条均呈龙游状扭曲。幼枝有毛或光滑。叶片卵形或宽卵形，大而具光亮。叶先端尖或钝，基部圆形或心脏形，边缘具粗锯齿或有时不规则分裂；表面无毛，背面脉上或脉腋有毛。腋生穗状花序，花期4月，聚花果5~6月成熟，黑紫色或白色。

济南市现有桑科桑属龙桑古树1株，位于商河县内。

龙桑C10-0001

龙桑C10-0001

位于商河县龙桑寺镇龙桑公园，树高5米，胸径12厘米。

柘树[*Cudrania tricuspidata*（Carr.）Bur. ex Lavallee]，亦称柘桑，落叶灌木或小乔木；树皮灰褐色，不规则片状剥落；枝刺深紫色，圆锥形，锐尖。叶卵形或倒卵形，椭圆状卵形或椭圆形，叶缘全缘或上部开2~3裂，呈浅波状，近革质，叶柄有毛。聚花果近球形，成熟时橙黄色或橘红色。花期5~6月，果期9~10月。

济南市现有桑科柘属柘树古树1株，位于高新技术产业开发区内。

柘树B11-0001

柘树B11-0001

位于高新技术产业开发区红帆能源科技有限公司研发楼前，树龄100年，树高7米，胸径48.8厘米。

B11-0001的枝干   B11-0001的枝叶

蔷薇科
Rosaceae

草本、灌木或乔木；落叶或常绿，有刺或无刺，有时攀缘状；叶互生，单叶或复叶，通常有明显托叶。花两性，辐射对称，周位花或上位花；花轴上端发育成碟状、钟状、杯状或圆筒状的花托，花托边缘着生萼片、花瓣和雄蕊；萼片与花瓣同数，通常4~5枚。种子多无胚乳；子叶肉质，背部隆起。

石楠 [*Photinia serratifolia*（Desf.）Kalkman]，常绿大灌木。老枝褐灰色，幼枝绿色或红褐色，无毛。叶长椭圆形、长倒卵形或倒卵状椭圆形，先端尾尖或短尖，基部圆形或阔楔形，缘疏生腺质细锯齿，羽状脉，叶正面光绿色，背面淡绿色，光滑，厚革质；叶柄粗壮。果实球形，熟时紫红色有光泽；种子卵形，棕色。花期4~5月，果期10月。

济南市现有蔷薇科石楠属石楠古树1株，位于历城区。

石楠B5-0227

石楠B5-0227

位于历城区柳埠镇四季村，树龄100年，树高5.1米，胸径28厘米，东西冠幅7.5米，南北冠幅8米。该树丛生，4月中旬蚜虫严重。

鸭梨（*Pyrus bretschneideri* Rehd.），亦称白梨，落叶乔木。树皮灰黑色，呈粗块状裂；枝圆柱形，微屈曲，黄褐色至灰褐色，幼时有密毛；叶卵形至椭圆状卵形，先端渐尖或短尾状尖，基部宽楔形，缘有尖锯齿，齿尖刺芒状微向前贴附，上下两面有茸毛，后脱落。果实卵形，倒卵形或球形，通常多黄色或黄绿色，稀褐色。花期4月，果期8~9月。

济南市现有蔷薇科梨属鸭梨古树1株，位于商河县内。

鸭梨B10-0041

B10-0041的花

B10-0041的树干

鸭梨B10-0041

位于商河县殷巷镇李桂芬村，树龄100年，树高4.5米，东西冠幅5.5米，南北冠幅6米。

杜梨（*Pyrus betulifolia* Bunge），落叶乔木或大灌木。树皮灰黑色，呈小方块状开裂，小枝黄褐色至深褐色，幼时密被灰白色茸毛，后渐变为紫褐色，通常有刺。叶菱状卵形至长卵形，缘有粗锐锯齿。果实近球形，熟时褐色，上有淡色斑点；果梗基部微有茸毛。花期4月，果期8~9月。

济南市内现有蔷薇科梨属杜梨古树3株，主要分布于大明湖景区、商河县内。

杜梨C0-0008

杜梨C0-0008

位于中山公园内，树龄100余年，树高9米，胸径63厘米，东西冠幅10米，南北冠幅11.2米。

西府海棠（*Malus micromalus* Makino），落叶乔木。树皮灰褐色，枝条耸立向上；小枝粗壮，圆柱形，红褐色或紫褐色，幼时有短茸毛，后脱落无毛；冬芽卵形，先端渐尖，紫褐色，微被毛。叶椭圆形至长椭圆形，先端短尖或钝圆，基部宽楔形或近圆形，革质，缘有浅细钝锯齿。果实近球形，熟时通常黄色带有红晕，顶端肥厚；果柄细长，在近果处膨大。花期4~5月，果熟期9~10月。

济南市内现有蔷薇科苹果属海棠古树2株，分布于历下区。

海棠A1-0017

位于历下区省政府办公厅，树龄700年，树高9米，胸径15厘米，东西冠幅8米，南北冠幅9米。该树从地面分二株，一株3枝，一株4枝，向上做放射状生长。

海棠A1-0017

海棠A1-0018

海棠A1-0018

位于历下区珍珠泉海棠园内，树龄1000年，树高8米，胸径35厘米，东西冠幅8米，南北冠幅8米。该树长势旺盛。此树原在珍珠泉大院内的石桥北侧，1954年移植于现址，并将此处命名为海棠园。海棠树四周围以树池，树旁石刻"宋海棠"为近代书法家王讷所写。

樱桃[*Prunus pseudocerasus*（Lindl.）G. Don]，乔木。树皮灰褐色或紫褐色，多短枝，小枝褐色或红褐色，光滑或仅在幼嫩时有茸毛。叶卵形或椭圆状卵形，先端渐尖或尾状渐尖，基部圆形或宽楔形，缘有大小不等的重锯齿，齿尖多有腺体，叶正面光绿色，无毛或微被茸毛，背面色稍淡，叶脉上常被疏毛。核果卵形或近球形，熟时鲜红色或橘红色，有光泽，果肉多汁。花期3~4月，果期5~6月。

济南市内现有蔷薇科樱桃属樱桃古树19株，分布于长清区内。

济南长清樱桃树群

济南长清樱桃树群

杏（*Prunus armeniaca* L.），乔木。树皮暗灰色或褐色，浅纵裂；小枝浅红褐色，光滑或有稀疏皮孔。冬芽簇生于枝侧，幼叶在芽内席卷。叶圆形或卵状圆形，先端有短尖头，稀尾尖，基部圆形或近心形，缘有圆钝锯齿。花梗短或近无梗。核果球形或倒卵形，有浅纵沟，成熟时白色、浅黄或棕黄色，带有红晕，被短毛；核扁平圆形或倒卵形，核仁扁球形，味苦或甜。花期3月，果期6~7月。

济南市内现有蔷薇科杏属杏树古树1株，位于长清区内。

杏树B6-0069

B6-0069的花

杏树B6-0069

位于长清区张夏镇焦家台村河南岸田地中，树龄160年，树高9米，胸径59厘米，东西冠幅12米，南北冠幅12米。该树在当地被称为"御杏王"。

泉城公园樱花群

泉城公园樱花群

乔木、灌木或草本，直立或攀缘，常有能固氮的根瘤。叶常绿或落叶，互生，羽状复叶或单叶，叶有柄或无柄，有时叶状变为刺状，常有小托叶，有些种在叶轴顶端有卷须。花两性。种子通常有革质或膜质的种皮。

豆科
Fabaceae

皂荚（*Gleditsia sinensis* Lam.）亦称皂角，落叶乔木或小乔木。树皮暗灰或灰黑色，粗糙；刺粗壮，圆柱形，常分枝，多呈圆锥状。叶为一回羽状复叶，幼树及萌芽枝有二回羽状复叶，小叶互生，卵状披针形、长卵形或长椭圆形，先端钝圆，有小尖头，基部稍偏斜、圆形或稀阔楔形，边缘有锯齿，叶正面有短柔毛，背面中脉上稍有柔毛；叶轴及小叶柄密生柔毛。花白色。荚果带状，弯曲作新月形。花期4~5月，果期10月。

济南市内现有豆科皂荚属皂荚古树21株，主要分布于历城区、长清区、章丘市、商河县内。

皂荚B10-0013

皂荚B10-0013

位于商河县许商街道东三里村，树龄100年，树高8.2米，胸径54厘米，东西冠幅10米，南北冠幅10米。

皂荚B6-0019

皂荚B6-0019

位于济南市中山公园西区,树龄100年,树高10米,胸径51.6厘米,东西冠幅13.2米,
南北冠幅14.8米。该树粗壮弯曲,冠大如篷。

B6-0019的根部及支撑

皂荚C0-0001

皂荚C0-0001

位于长清区五峰山街道宋村小学内,树龄
200年,树高9米,胸径79厘米,东西冠幅
7.5米,南北冠幅7.5米。该树开裂中空,仅
剩东北侧半边树干存活,西南侧有水泥石柱
支撑。

皂荚A5–0120

皂荚A5–0120

位于历城区柳埠镇长岭村，树龄200年，树高11米，胸径55厘米，东西冠幅12米，南北冠幅10米。

皂荚A6–0121

皂荚A6–0121

位于历城区唐王镇唐西村唐王道口五区4号，树龄300年，树高15米，胸径143厘米，东西冠幅10米，南北冠幅12米。

皂荚A6-0010

皂荚A6-0010

位于长清区张夏镇宋家庄高增喜家中，树龄300年，树高11米，胸径115厘米，东西冠幅12米，南北冠幅13米。

皂荚结果状

皂荚B2-0039

皂荚B2-0039

位于市中区永长街回民小学,树龄300年,树高12.2米,胸径70厘米,东西冠幅16米,南北冠幅15.9米。该树枝条生长繁茂,硕果累累。

皂荚B5-0062

B5-0062的根部

皂荚B5-0062

位于历城区彩石镇捎近村,树龄200年,树高10米,胸径53厘米,东西冠幅8米,南北冠幅9米。

国槐（*Sophora japonica* L.）：落叶乔木。树皮灰黑色，粗糙纵裂。无顶芽，侧芽为叶柄下芽，青紫色；奇数羽状复叶；叶轴有毛，基部膨大，小叶卵状长圆形，先端渐尖而有细尖头，基部阔楔形或近圆形，背面灰白色，疏生短柔毛；托叶钻形，早落。圆锥花序顶生。荚果肉质，串珠状，无毛，不裂。种子深棕色，肾形。花期6~8月，果期9~10月。

国槐A0-0002

国槐A0-0002

位于大明湖历下亭旁，树龄360年，树高8.7米，胸径65厘米，东西冠幅5米，南北冠幅7米。

国槐A0-0003

国槐A0-0003

位于趵突泉公园三大殿东侧，树龄310年，树高16米，胸径40厘米，该树基部有一个宽45厘米，高4米的树洞。

国槐A6-0059

国槐A6-0059

位于长清区张夏镇徐毛村七圣堂庙旁边，树龄300年，树高12米，胸径105厘米，东西冠幅13米，南北冠幅13米。该树树干上有少量虫洞。

国槐A6-0479

国槐A6-0479

位于长清区归德镇西程村，树龄300年，树高6.5米，胸径105厘米，东西冠幅12米，南北冠幅10米。该树冠底有少量枯死枝。

唐槐A0–0001

A0–0001的树池

春季景观

A0-0001的根部

唐槐A0-0001

位于千佛山半山腰唐槐亭西南侧，树龄1300年，树高12.1米，胸径80.6厘米，东西冠幅16米，南北冠幅17.3米。该树树干略弯曲，树冠南北延伸，冠如大鹏。传说唐代名将秦琼曾在此拴过马，人称"秦琼拴马槐"；后树半枯，复又有幼树自空腔中生出，犹母抱子，故又称"母抱子槐"。树旁建一方形彩亭，亭檐悬挂舒同手题"唐槐亭"金字横匾，亭槐相映，别有情趣。

冬季景观

国槐A6-0487

国槐A6-0487

位于长清区马山镇郭家峪，树龄300年，树高10米，胸径92厘米，东西冠幅13米，南北冠幅13米。

国槐A6-0501

国槐A6-0501

位于长清区双泉镇郝家庄，树龄300年，树高8米，胸径86厘米，东西冠幅10米，南北冠幅10米。

A6-0504的树干及根部

国槐A6-0504

国槐A6-0504

位于长清区双泉镇东龙湾村顾宪东家，树龄300年，树高9米，胸径121厘米，东西冠幅8米，南北冠幅8米。该树树皮脱落严重。

A6-0507的根部

国槐A6-0507

国槐A6-0507

位于长清区双泉镇房庄古井旁，树龄300年，树高18米，胸径84厘米，东西冠幅16米，南北冠幅16米。

国槐A6-0516

国槐A6-0516

位于长清区崮云湖街道坡庄175号，树龄300年，树高8米，胸径79厘米，东西冠幅9米，南北冠幅9米。

国槐A6-0046

A6-0046的树干

国槐A6-0046

位于长清区崮云湖街道坡庄，树龄300年，树高15米，胸径135厘米，东西冠幅8米，南北冠幅10米。

国槐A6-0538

国槐A6-0538

位于长清区万德镇界首村街中央，树龄300年，树高9.5米，胸径76厘米，东西冠幅12米，南北冠幅10.5米，该树树冠北侧部分树枝枯死，长势一般。

国槐A6-0539

国槐A6-0539

位于长清区万德镇店台村中央古桥头，树龄300年，树高8米，胸径130厘米，东西冠幅11米，南北冠幅23米。该树树干底部开裂处被水泥填补，北侧主枝有钢箍支撑，中空开裂，有若干虫洞。

国槐A6-0046

A6-0046的花

国槐A6-0046

位于长清区孝里镇胡林村路中央，树龄300年，树高18米，胸径167厘米，东西冠幅15米，南北冠幅15米。该树是济南地区胸径最大的国槐。

A6-0046的枝干

国槐A6-0046

A6-0046的根部及树干

国槐A7-0001

国槐A7-0001

位于章丘市龙山街道辉柳村村委大院，树龄200年，树高15米，胸径158厘米，东西冠幅9.5米，南北冠幅11米。

国槐A7-0005

位于章丘市双山街道办事处西酒坞村18号门前，树龄300年，树高14米，胸径86.5厘米，东西冠幅7.5米，南北冠幅9.6米。

国槐A7-0005

A7-0008的树干

国槐A7-0008

国槐A7-0008

位于章丘市圣井街道官庄村，树龄300年，树高9米，胸径99.5厘米，东西冠幅9米，南北冠幅5米。

国槐A7-0009

国槐A7-0009

位于章丘市圣井街道，树龄300年，树高10米，胸径97厘米，东西冠幅8米，南北冠幅9.5米。

国槐A7-0011

国槐A7-0011

位于章丘市辛寨镇柳塘口村中心大街，相传为清代纪氏先人所植，筑碑时间清道光十六年，估计树龄500年以上，树高10.2米，胸径143.9厘米，东西冠幅14.1米，南北冠幅11.5米。

A7-0013的树干

国槐A7-0013

位于章丘市明水街道官道店村，树龄300年，筑碑时间清道光十六年（1836），树高7.5米，胸径103厘米，东西冠幅5.5米，南北冠幅5.6米。

国槐A7-0013

国槐A7-0020

位于章丘市刁镇旧北村，树龄300年，树高7.5米，胸径45厘米，东西冠幅5米，南北冠幅9.5米。

国槐A7-0020

国槐A7-0047

国槐A7-0047

位于章丘市官庄街道朱家峪景区内，树龄300年，树高8米，胸径87.5厘米，东西冠幅6米，南北冠幅7米。

A7-0061的树干

国槐A7-0061

位于章丘市白云湖镇石珩村主干路内，树龄300年，树高8米，胸径85.4厘米，东西冠幅6.5米，南北冠幅7米。

国槐A7-0061

国槐B7-0001

国槐B7-0001

位于章丘市辛寨镇柳塘口村兴隆街，树龄130年，树高5米，胸径65厘米，东西冠幅3.5米，南北冠幅4米。

国槐B7-0003

国槐B7-0003

位于章丘市圣井街道孟阿村，树龄200年，树高10米，胸径89.5厘米，东西冠幅7米，南北冠幅9米。

国槐B7-0015

B7-0015的树干

国槐B7-0015

位于章丘市双山街道马安村，树龄170年，树高8.5米，胸径65厘米，东西冠幅8米，南北冠幅6.5米。

国槐B7-0015

国槐B7-0015

位于章丘市普集街道普中村路边，树龄150年，树高8米，胸径75.5厘米，东西冠幅6米，南北冠幅9米。

国槐B7-0017

国槐B7-0017

位于章丘市龙山街道龙山村，树龄150年，树高8.9米，胸径65.3厘米，东西冠幅14.1米，南北冠幅11.8米。

国槐B7-0020

国槐B7-0020

位于章丘市圣井街道官庄村，树龄100年，树高6.5米，胸径79.5厘米，东西冠幅8.5米，
南北冠幅8米。

国槐B7-0031

B7-0031的树干

国槐B7-0031

位于章丘市高官寨镇魏化林村老村委，
树龄120年，树高11米，胸径61厘米，
东西冠幅8米，南北冠幅6米。

国槐B7-0074

国槐B7-0074

位于章丘市官庄街道吴家村，树龄200年，树高11米，胸径69.5厘米，东西冠幅8.5米，南北冠幅9.2米。

国槐B7-0078

B7-0078的树干及树根

国槐B7-0078

位于章丘市普集街道普西村，树龄150年，树高7.5米，胸径79厘米，东西冠幅5.5米，南北冠幅8米。

国槐A1-0007

国槐A1-0007

位于历下区南岗子街48号，后移至仁智街，树龄300年，树高6米，胸径48厘米，东西冠幅5米，南北冠幅5米。

国槐A1-0010

国槐A1-0010

位于历下区姚家街道居民安置房区，树龄300年，树高11米，胸径108厘米，东西冠幅15米，南北冠幅16米。

国槐B1-0001

国槐B1-0001

位于历下区花园庄小区小花园北，树龄260年，树高9米，胸径67厘米，东西冠幅6米，南北冠幅8米。

国槐B1-0012

国槐B1-0012

位于历下区大明湖路泉乐坊北头，树龄150年，树高8米，胸径62.5厘米，东西冠幅8.5米，南北冠幅8.5米。

国槐B4-0003

国槐B4-0003

位于济南市天桥区焦家隅首街2号，树龄100年，树高14.7米，胸径53厘米，东西冠幅14米，南北冠幅15米。

国槐B4-0004

国槐B4-0004

位于天桥区黄岗小区中心花园，树龄100年，树高13米，胸径76.5厘米，东西冠幅10米，南北冠幅12米。

国槐A8-0107

国槐A8-0107

位于济南市天桥区北园一中，树高7米，胸径31厘米，东西冠幅4米，南北冠幅3米。

国槐C4-0001

国槐C4-0001

位于历城区仲宫镇东沟村，树龄500年，树高8米，胸径102厘米，东西冠幅5.5米，南北冠幅5米。

国槐A8-0112

国槐A8-0112

位于平阴县孝直镇东湿口山村，树龄600年，树高12米，胸径180厘米，东西冠幅10米，南北冠幅11米。

国槐A8-0113

国槐A8-0113

位于平阴县孔村镇前转湾村，树龄1300年，树高6.5米，胸径60厘米，东西冠幅11米，南北冠幅12米。

国槐A8-0002

国槐A8-0002

位于平阴县安城镇宋庄，树龄600年，树高12米，胸径110厘米，东西冠幅18米，南北冠幅18米。

国槐A8-0115

A8-0115的根部

国槐A8-0115

位于平阴县东阿镇南坦村，树龄300年，树高10米，胸径105厘米，东西冠幅12米，南北冠幅12米。

国槐A8-0004

国槐A8-0004

位于平阴县东阿镇南坦村，树龄250年，树高8米，胸径85厘米，东西冠幅8米，南北冠幅8米。

国槐B8-0055

国槐B8-0055

位于平阴县洪范池镇东峪北崖村，树龄130年，树高9米，胸径80厘米，东西冠幅8米，南北冠幅11米。

国槐B8-0086

B8-0086的树干及根部

国槐B8-0086

位于平阴县洪范池镇东峪北崖村，树龄130年，树高7米，胸径65厘米，东西冠幅6米，南北冠幅5米。

国槐B8-0087

B8-0087的树干

国槐B8-0087

位于平阴县孝直镇前庄科村，树龄300年，树高9米，胸径60厘米，东西冠幅6.5米，南北冠幅5米。

国槐B3-0010

位于平阴县孝直镇后庄科村，树龄300年，树高10米，胸径80厘米，东西冠幅15米，南北冠幅10米。

国槐B3-0010

国槐B8-0088

国槐B8-0088

位于槐荫区小董庄，树龄250年，树高12.1米，胸径63厘米，东西冠幅22米，南北冠幅15米。

国槐B10-0002

国槐B10-0002

位于商河县玉皇庙镇玉东村，树龄350年，树高5.2米，胸径78厘米，东西冠幅5米，南北冠幅7.5米。

国槐B10-0009

国槐B10-0009

位于商河县贾庄镇陶家村，树龄150年，树高14米，胸径60.8厘米，东西冠幅13米，南北冠幅15米。

国槐B10-0010

国槐B10-0010

位于商河县许商街道马官寨村，树龄200年，树高8.6米，胸径72厘米，东西冠幅7米，南北冠幅6.5米。

B10-0030的树干

国槐B10-0030

国槐B10-0030

位于商河县商河县韩庙镇齐家寨村，树龄160年，树高11.5米，胸径60厘米，东西冠幅8米，南北冠幅8.5米。

国槐A7-0003

国槐A7-0003

位于章丘市官庄乡阎家峪村，树龄500年，树高9米，胸径60.8厘米，东西冠幅9.5米，南北冠幅8米。

国槐A7-0004

国槐A7-0004

位于章丘市宁家埠镇徐家村中心街，树龄500年，树高12.5米，胸径105厘米，东西冠幅7米，南北冠幅7.5米。

国槐A7-0006

国槐A7-0006

位于章丘市圣井街道丁李福村，树龄300年，树高10米，胸径98厘米，东西冠幅8米，南北冠幅4米。

国槐A7-0007

A7-0007的树根及树干

国槐A7-0007

位于章丘市圣井街道南罗村，树龄300年，树高9米，胸径103厘米，东西冠幅7米，南北冠幅8米。

国槐A7-0016

国槐A7-0016

位于章丘市龙山街道党家村，树龄300年，树高16.2米，胸径87.5厘米，东西冠幅11.8米，南北冠幅11米。

国槐A7-0018

位于章丘市龙山街道苏官村，树龄300年，树高17.2米，胸径121厘米，东西冠幅9.6米，南北冠幅11.2米。

国槐A7-0018

A7-0048的树干

国槐A7-0048

国槐A7-0048

位于章丘市龙山街道苏官村，树龄300年，树高17.2米，胸径121厘米，东西冠幅9.6米，南北冠幅11.2米。

国槐A7-0059

国槐A7-0059

位于章丘市官庄街道三赵村，树龄300年，树高8.5米，胸径96厘米，东西冠幅2.3米，南北冠幅2.1米。

国槐B7-0073

国槐B7-0092

国槐B7-0073

位于章丘市宁家埠镇袁辛村新东八街22号，树龄200年，树高13米，胸径98.5厘米，东西冠幅7米，南北冠幅7米。

国槐B7-0092

位于章丘市曹范镇富家村，树龄200年，树高9米，胸径81厘米，东西冠幅10米，南北冠幅11米。

国槐A6-0033

国槐A6-0033

位于长清区归德镇李官庄村主街，树龄300年，树高7米，胸径91厘米，东西冠幅8米，南北冠幅12米。

国槐A6-0034

位于长清区万德镇坡里庄村，树龄300年，树高8.5米，胸径95厘米，东西冠幅8米，南北冠幅8.2米。

国槐A6-0034

国槐B6-0467

国槐B6-0467

位于长清区归德镇沙河辛村广场西侧，树龄230年，树高8米，胸径105厘米，东西冠幅8米，南北冠幅8.1米。

国槐B6-0469

位于长清区归德镇沙河辛村路中央，树龄150年，树高7.5米，胸径77.5厘米，东西冠幅10米，南北冠幅12米。

国槐B6-0469

国槐A5-0046

国槐A5-0046

位于历城区仲宫镇金钢篡村，树龄300年，树高30米，胸径118厘米，东西冠幅22米，南北冠幅22米。

国槐A5-0130

国槐A5-0130

位于历城区王舍人街道梁一村199号东，树龄300年，树高15米，胸径80厘米，东西冠幅16米，南北冠幅14米。

国槐A5-0042

国槐A5-0042

位于历城区西营镇东峪村，树龄300年，树高15米，胸径75厘米，东西冠幅13米，南北冠幅13米。

国槐A5-0045

国槐A5-0045

位于历城区仲宫镇金钢篹村，树龄300年，树高13米，胸径102厘米，东西冠幅9米，南北冠幅10米。

国槐A5-0034

国槐A5-0034

位于历城区柳埠镇柳埠西村，树龄300年，树高10米，胸径90厘米，东西冠幅16米，南北冠幅13米。

国槐A5-0041

国槐A5-0041

位于历城区西营镇东峪村，树龄500年，树高16米，胸径102厘米，东西冠幅8米，南北冠幅6米。

国槐A5-0024

国槐A5-0024

位于历城区仲宫镇邢家村，树龄600年，树高7米，胸径105厘米，东西冠幅20米，南北冠幅10米。

国槐A5-0025

A5-0025的树根及树干

国槐A5-0025

位于历城区仲宫镇北高而村，树龄500年，树高11米，胸径141厘米，东西冠幅9米，南北冠幅8米。

国槐A5-0015

A5-0015的根部及树干

国槐A5-0015

位于历城区彩石镇石瓮峪村，树龄500年，树高16米，胸径85厘米，东西冠幅10米，南北冠幅9米。

国槐A5-0022

A5-0022的根部及树干

国槐A5-0022

位于历城区港沟街道黑龙峪村，树龄300年，树高12米，胸径96厘米，东西冠幅12米，南北冠幅13米。

国槐A5-0005

A5-0005的树干

国槐A5-0005

位于历城区仲宫镇支家岭村，树龄400年，树高10.5米，胸径110厘米，东西冠幅15米，南北冠幅12米。

国槐A5-0006

位于历城区唐王镇小徐家庄村，树龄300年，树高6米，胸径95厘米，东西冠幅8米，南北冠幅8米。

A5-0010的树干

国槐A5-0010

位于历城区唐王镇周家村81号门外，树龄500年，树高12米，胸径128厘米，东西冠幅10米，南北冠幅5米。

国槐A5-0010

国槐A5-0011

国槐A5-0011

位于历城区唐王镇南殷村委会院内，树龄300年，树高9米，胸径100.3厘米，东西冠幅8.5米，南北冠幅11.6米。

国槐A5-0034

国槐A5-0034

位于历城区仲宫镇杨而庄村，树龄100年，树高5米，东西冠幅5米，南北冠幅12米。

国槐A5-0036

位于历城区柳埠镇车子峪村，树龄
100年，树高15米，胸径75厘米，
东西冠幅13米，南北冠幅12米。

国槐A5-0036

国槐A5-0002

国槐A5-0002

位于历城区仲宫镇刘家峪村，树龄
300年，树高7米，胸径80厘米，
东西冠幅10米，南北冠幅10米。

国槐A5-0004

国槐A5-0004

位于历城区彩石镇虎门村，树龄
300年，树高13米，胸径118厘米，
东西冠幅3米，南北冠幅11米。

国槐A9–0003

国槐A9–0003

位于市中区伟东新都一区14号楼西南角，树龄200年，树高8米，胸径120厘米，东西冠幅12米，南北冠幅14米。

国槐B2–0007

国槐B2–0007

位于济阳县新市镇李坊村，树龄340年，树高7.5米，胸径63.2厘米，东西冠幅15米，南北冠幅11米。

龙爪槐（*Sophora japonica* 'Pendula'），与原种区别在于大枝扭转斜向上伸展，小枝皆下垂，树冠伞形。

济南市内现有豆科槐属龙爪槐古树2株，分布于历城区、章丘市。

龙爪槐B5-0125

龙爪槐B5-0125

位于历城区仲宫镇白云村，树龄170年，树高7.2米，胸径42厘米，东西冠幅10米，南北冠幅6米。

B5-0125的树池

B5-0125的枝干

刺槐（*Robinia pseudoacacia* L.），亦称洋槐。落叶乔木，树皮褐色，有深沟，小枝光滑。奇数羽状复叶，小叶椭圆形或卵形，先端圆形或微凹，有小尖头，基部圆或阔楔形，全缘，无毛或幼时疏生短毛。总状花序腋生，花白色，芳香。荚果扁平，条状长圆形，有窄翅，红褐色，无毛；种子黑色肾形。花期4~5月，果期9~10月。

济南市内现有豆科刺槐属刺槐古树6株，主要分布于历城区、长清区、章丘市。

刺槐B2-0038

刺槐B2-0038

位于市中区经二路公安厅机关院内，树龄100年，树高14.6米，胸径115厘米，东西冠幅8.3米，南北冠幅11.8米。

刺槐B2-0023

刺槐B2-0023

位于市中区经四路299号，树龄130年，树高15米，胸径110厘米，东西冠幅13.6米，南北冠幅15.8米。

B2-0023树干

刺槐B6-0022

刺槐B6-0022

位于长清区文昌街道，树龄260年，树高9米，胸径105厘米，东西冠幅7米，南北冠幅9米。

B6-0022根部

紫藤[*Wisteria sinensis*（Sims）Sweet]，落叶大型木质藤本。小枝被柔毛。奇数羽状复叶，小叶卵状长椭圆形至卵状披针形，先端渐尖，基部圆或阔楔形，幼时密生平伏白色柔毛，老叶近无毛。花冠紫色或深紫色。荚果表面密生黄色茸毛，悬板上不脱落，木质，开裂；种子扁圆形。花期4~5月，果期8~9月。

济南市内现有豆科紫藤属紫藤古树2株，分布于历城区。

紫藤B0-0446

B0-0446的根部

紫藤B0-0446

位于历城区大明湖盆景园，树龄129年，树高2.5米，胸径35厘米，东西冠幅5米，南北冠幅6米。

紫藤B5-0228

紫藤开花状

紫藤B5-0228

位于历城区柳埠镇四门
塔涌泉桥，树龄200年，
树高11米，胸径35厘
米，东西冠幅28米，南
北冠幅31.5米。

紫藤B5-0228

楝 科
Meliaceae

乔木或灌木。叶互生，羽状复叶，很少单叶，无托叶。花两性，辐射对称，排成圆锥花序；萼4~5裂，很少6裂；花瓣与萼片同数，很少3~10片，分离或黏合；雄蕊8~10，花丝合生成一管，管顶全缘或撕裂，很少离生；子房上位，与花盘离生或多少合生，通常4~5室，很少多室，每室有胚珠1至多颗。果为蒴果、浆果或核果。种子有翅或无翅。

苦楝（*Melia azedarach* L.），落叶乔木。树皮暗褐色，纵裂；幼枝被星状毛，老时紫褐色，皮孔多而明显。小叶卵形、椭圆形或披针形，先端短渐尖，基部阔楔形或近圆形，稍偏斜，边缘有钝锯齿，背面幼时被星状毛，后两面无毛；叶柄基部膨大。圆锥花序腋生，花芳香，有花梗，花瓣淡紫色。核果，椭圆形或近球形。花期5月，果期9~10月。

济南市内共有楝科楝属苦楝古树1株，位于市中区中山公园。

苦楝C0-0006

苦楝C0-0006

位于济南市中山公园月季园北，树龄100年，树高13米，胸径62厘米，东西冠幅9.2米，南北冠幅11.3米。

大戟科
Euphorbiaceae

乔木、灌木或草本，稀为木质或草质藤本。木质根，稀为肉质块根；通常无刺；常有乳状汁液，白色，稀为淡红色。叶互生，少有对生或轮生，单叶，稀为复叶，或叶退化呈鳞片状，边缘全缘或有锯齿，稀为掌状深裂；具羽状脉或掌状脉；叶柄长至极短；托叶二，着生于叶柄的基部两侧，早落或宿存，稀托叶鞘状，脱落后具环状托叶痕。

乌桕[*Triadica sebifera*（Linn.）Small]，落叶乔木，有乳状汁液。树皮灰褐色，浅纵裂。叶互生，菱形至阔菱状卵形，长宽略相等，先端长渐尖或短尾状，全缘，基部阔楔形或近圆形，两面绿色，秋季变为橙黄或红色。穗状花序顶生。蒴果三棱状近球形，熟时黑褐色；种子黑色，外被白蜡层，果皮脱落后种子仍附着于中轴上。花期6~8月，果期9~11月。

济南市内共有大戟科乌桕属乌桕古树2株，分布在千佛山。

乌桕C0-0013

乌桕C0-0013

位于千佛山梨园北，树龄100年，树高9.8米，胸径38.2厘米，东西冠幅6.8米，南北冠幅7.3米。

漆树科
Anacardiaceae

乔木或灌木，少有木质藤本和亚灌木状草本。叶互生，多为羽状复叶，也有单叶或掌状3小叶，无托叶。花小，单性或杂性同株，少有两性，整齐、常为圆锥花序。花萼3~5深裂，花瓣常与萼片同数。核果式坚果。韧皮部具裂生性树脂道，分泌乳液或水状汁液。

黄连木（*Pistacia chinensis* Bunge），落叶乔木。树皮暗褐色，呈鳞片状剥落。枝叶有特殊气味；偶数羽状复叶，互生；小叶片卵状披针形或披针形，先端渐尖，基部斜楔形，全缘，幼时有毛，后光滑。核果球形，略扁，熟时变紫红色，紫蓝色，有白粉，内果皮骨质。花期4~5月，果期9~10月。

济南市内共有漆树科黄连木属黄连木古树8株，动物园1株、历城区1株、长清区3株、平阴县3株。

黄连木A5-0127

黄连木A5-0127

位于历城区仲宫镇东沟村，树龄300年，树高23米，胸径120厘米，东西冠幅20米，南北冠幅16米。

黄连木B8–0005

黄连木B8–0005

位于动物园"第一牛"雕塑西，树龄100年，树高11.1米，胸径54厘米，东西冠幅15.8米，南北冠幅15.3米。

黄连木C0–0005

黄连木C0–0005

位于平阴县洪范池镇供销社，树龄240年，树高9.7米，胸径50厘米，东西冠幅11.3米，南北冠幅11.3米。

卫矛科
Celastraceae

常绿或落叶乔木、灌木或藤本灌木及匍匐小灌木。单叶对生或互生，少为三叶轮生并类似互生；托叶细小，早落或无，稀明显而与叶俱存。花两性或退化为功能性不育的单性花，杂性同株，较少异株。多为蒴果，亦有核果、翅果或浆果。种子多少被肉质具色假种皮包围，稀无假种皮，胚乳肉质丰富。

丝棉木（*Euonymus maackii* Rupr.）亦称白杜，桃叶卫矛。落叶灌木或小乔木。小枝灰绿色，近圆柱形，无栓翅。叶对生，卵形或长椭圆形，边缘有细锯齿，有时锯齿较深而尖锐，叶先端渐尖，基部宽楔形或近圆形，两面无毛，叶柄细长；腋生聚伞花序；花黄绿色；花瓣长圆形，叶正面基部有鳞片状柔毛。蒴果倒卵形，淡红色。种子有红色假种皮。花期5~6月，果期8~9月。

济南市内共有卫矛科卫矛属丝棉木古树1株，位于趵突泉公园内。

B0-0462的树牌

丝棉木B0-0462

丝棉木B0-0462

位于趵突泉公园万竹园内，树龄120年，树高8米，胸径55厘米，东西冠幅9米，南北冠幅6米。

槭树科
Aceraceae

乔木或灌木，落叶。冬芽多数具覆瓦状排列的鳞片。叶对生，具叶柄，无托叶，单叶稀羽状或掌状复叶，不裂或掌状分裂。花序伞房状、穗状或聚伞状，由着叶的枝的几顶芽或侧芽生出；花序的下部常有叶，叶的生长在开花以前或同时，稀在开花以后；花小，绿色或黄绿色，稀紫色或红色，整齐，两性、杂性或单性，雄花与两性化同株或异株。果实系小坚果，常有翅，又称翅果。种子无胚乳，外种皮很薄，膜质，胚倒生，子叶扁平，折叠或卷折。

五角枫[*Acer pictum Thunb* subsp. mono（Maxim.）H. Ohashi]又名色木槭，落叶乔木。树皮暗灰色或褐灰色，纵裂。小枝灰色，嫩枝灰黄或浅棕色，初有梳毛，后脱落。单叶，宽长圆形，掌状五裂，裂片宽三角形，先端尾尖或长渐尖，全缘或微有裂；叶柄较细，花较小，常组成顶生的伞房花序。翅果扁平或微凸，翅近椭圆形，两翅开张成锐角或近钝角。花期4~5月，果熟期8~9月。

济南市内共有槭树科槭属五角枫古树2株，分布在历城区。

五角枫A5-0016

A5-0016的根部

五角枫A5-0016

位于历城区西营镇阁老村山坡，树龄800年，树高20米，胸径71.6厘米，东西冠幅25米，南北冠幅25.2米。

七叶树科
Hippocastanaceae

乔木稀灌木，落叶稀常绿。冬芽顶生或腋生。叶对生，系3~9枚小叶组成的掌状复叶，无托叶，叶柄通常长于小叶。聚伞圆锥花序，侧生小花序系蝎尾状聚伞花序或二歧式聚伞花序。花杂性，雄花常与两性花同株；萼片4~5，花瓣4~5，与萼片互生，大小不等，基部爪状；雄蕊5~9，着生于花盘内部，长短不等。蒴果1~3室；种子球形，常仅1枚稀2枚发育，种脐大形，淡白色，无胚乳。

七叶树（*Aesculus chinensis* Bunge），落叶乔木。树皮灰褐色，鳞裂。枝棕黄或赤褐色，光滑无毛，掌状复叶对生；长椭圆状侧披针形至卵状长椭圆形，先端渐尖，基部圆形至宽楔形，边缘有细锯齿，羽脉状，叶正面光绿色，背面延中脉处有短茸毛；小叶柄有灰色微柔毛。蒴果近球形，棕黄色，表面有浅色疣点，无刺，果皮坚硬，熟后三瓣裂。花期5~6月，果期9~10月。

济南市内共有七叶树科七叶树属七叶树古树3株，均位于大明湖公园。

七叶树C0-0007

七叶树C0-0007

位于大明湖盆景园内，树龄100年，树高8.6米，胸径30厘米，东西冠幅4米，南北冠幅9.25米。

七叶树C0-0017

七叶树C0-0017

位于大明湖盆景园内，树龄100年，树高7米，胸径23厘米，东西冠幅7.6米，南北冠幅8.2米。

七叶树开花状

七叶树C0-0018

位于大明湖盆景园东门外，树龄100年，树高6.3米，胸径20.9厘米，东西冠幅6.8米，南北冠幅7.4米。

七叶树C0-0018

无患子科
Sapindaceae

乔木或灌木，有时为草质或木质藤本。羽状复叶或掌状复叶，互生，通常无托叶。聚伞圆锥花序顶生或腋生；花小，单性。果为蒴果。种皮膜质至革质，很少骨质。胚通常弯拱，无胚乳或有很薄的胚乳，子叶肥厚。

栾树（ *Koelreuteria paniculata* Laxm.），落叶乔木。树皮灰褐色，纵裂，小枝有柔毛。奇数羽状复叶或不完全的二回羽状复叶，卵形或卵状披针形，边缘有不规则的锯齿或羽状分裂，基部常为缺刻状深裂，背面沿脉有短柔毛；无柄或有短柄。花黄色，中心紫色，有短梗。硕果椭圆形，顶端尖，果皮膜质，有网状脉，种子黑色有光泽。花期6~8月，果期8~9月。

济南市内共有无患子科栾属栾树古树1株，位于平阴县。

栾树B8-0009

B8-0009的树牌

栾树结果状

栾树B8-0009

位于平阴县洪范池镇云翠山，树龄220年，树高13米，胸径60厘米，东西冠幅4.5米，南北冠幅4米。

鼠李科
Rhamnaceae

乔木、灌木，稀藤本。有一致的花部结构，花小，两性，稀杂性或单性异株，多为聚伞花序；花萼筒状，花盘明显发育。果为核果、翅果、坚果，少数属为蒴果。

枣树（*Ziziphus jujuba* Mill.），落叶小乔木。树皮灰褐色，纵裂；小枝红褐色，光滑；有托叶刺，长刺粗直，短刺下弯；当年生枝绿色，单生或簇生于短枝上。叶卵形、卵状椭圆形，先端钝尖，基部近圆形，稍不对称，边缘有圆齿状锯齿。花黄绿色，两性，单生或排成腋生聚伞花序。核果长圆形，熟时红色，中果皮肉质，味甜，核顶端锐尖。花期5~7月，果期8~9月。

济南市内共有鼠李科枣属枣树古树6株，市中区2株、济阳县1株、商河县3株。

枣树A2-0030

枣树A2-0030

位于市中区回民小区31号楼南侧，树龄500年，树高16米，胸径60厘米，东西冠幅10米，南北冠幅7米。

枣树A2-0031

枣树A2-0031

位于市中区回民小区31号楼南侧，树龄350年，树高10.2米，胸径50厘米，东西冠幅10米，南北冠幅7米。

枣树B9-0002

枣树B9-0002

位于济阳县济阳县曲堤镇姜集潘家村，树龄100年，树高10米，胸径30厘米，东西冠幅9米，南北冠幅7米。

酸枣[*Ziziphus jujuba* Mill. var. *spinosa*（Bunge）Hu ex H. F. Chow]，灌木。小枝紫褐色。生于向阳、干燥山坡。叶较小。核果小，近球形，中果皮薄，味酸，核两端钝。

济南市内共有鼠李科酸枣属酸枣古树3株，泉城公园2株、市中区1株。

酸枣B0-0457

酸枣B0-0457

位于泉城公园石榴园南，树龄100年，树高9米，胸径46厘米，东西冠幅10米，南北冠幅8.5米。

酸枣B0-0458

酸枣B0-0458

位于泉城公园石榴园，树龄100年，树高15米，胸径40厘米，东西冠幅8.6米，南北冠幅9.5米。

酸枣开花状

龙爪枣（*Ziziphus jujuba* 'Tortuosa'），树皮褐色或灰褐色，枝条呈"之"字形弯曲上伸，无刺。叶互生，卵形至卵状披针形。果较小，果柄长。聚伞花序腋生，花黄绿色，花期5~6月。

济南市内共有鼠李科枣属龙爪枣古树1株，位于商河县。

龙爪枣B1-0026

龙爪枣B1-0026

位于商河县许商街道豆腐店村，树高5.2米，胸径20.4厘米，东西冠幅4.5米，南北冠幅3.5米。该树所发枝形如龙爪。

胡颓子科
Elaeagnaceae

常绿或落叶直立灌木或攀缘藤本，稀乔木。有刺或无刺，全体被银白色或褐色至锈盾形鳞片或星状茸毛。单叶互生，稀对生或轮生，全缘，羽状叶脉，具柄，无托叶；花两性或单性。花序整齐，白色或黄褐色，具香气，虫媒花。果实为瘦果或坚果，为增厚的萼管所包围，核果状，红色或黄色；味酸甜或无味，种皮骨质或膜质。

沙枣（*Elaeagnus angustifolia* Linn.），落叶乔木。树皮黑棕色，条状剥落。枝棕红色，嫩枝被白色的腺鳞，有枝刺。叶宽披针形至条状披针形，纸质，先端渐尖，基部宽楔形，全缘。果椭圆形或近球形，熟时橙红色或粉红色，果肉粉质。花期4~6月，果期8~9月。

济南市内共有胡颓子科胡颓子属桂香柳古树2株，均位于历下区。

桂香柳B1-0026

桂香柳B1-0026

位于历下区珍珠泉假山前，树龄100年，树高5米，胸径40厘米，东西冠幅2米，南北冠幅2米。

桂香柳B1-0027

B1-0027树干与支撑物

桂香柳B1-0027

位于历下区珍珠泉假山前，树龄100年，树高9米，胸径45厘米，东西冠幅9米，南北冠幅10米。

B1-0027的树叶

石榴科
Punicaceae

落叶灌木或小乔木。冬芽小，芽鳞2。叶对生及簇生，无托叶。花两性，1~5朵生于小枝顶端或腋生；萼筒钟状或筒状，裂片5~7，花瓣覆瓦状排列；雄蕊多数；子房下位或近下位，花柱单1，柱头头状。果实为浆果，球形，果皮肥厚革质。种子多数，外种皮肉质，无胚乳；胚直生；子叶旋卷状。

石榴（*Punica granatum* L.），落叶灌木或小乔木。树皮灰黑色，不规则剥落。小枝四棱形，顶部常为刺状，叶对生或簇生，倒卵形或长椭圆状披针形，先端尖或钝，基部阔楔形、全缘，羽状脉，中脉在背面突起，两面光滑，叶柄极短。浆果近球形，果皮厚，萼宿存。种子外皮浆汁，色红、粉红或白色，晶莹透明。花期5~6月，果期8~9月。

济南市内共有石榴科石榴属石榴古树4株，趵突泉公园1株、历城区3株。

石榴开花状

石榴B0-0460

石榴B0-0460

位于历城区华阳宫内，树龄130年，树高4.5米，胸径25厘米，东西冠幅5米，南北冠幅6米。

石榴B5-0221

石榴B5-0221

位于历城区华阳宫内，树龄200年，树高4.3米，东西冠幅4米，南北冠幅4.3米。

B5-0222的树牌

石榴B5-0222

位于历城区华阳宫内，树龄200年，树高5.8米，胸径15.5厘米，东西冠幅4.3米，南北冠幅4.1米。

石榴B5-0222

石榴B5-0223

石榴B5-0223

位于历城区华阳宫内，树龄100年，树高4.5米，东西冠幅4.1米，南北冠幅4米。

五加科
Araliaceae

乔木、灌木或木质藤本，稀多年生草本。有刺或无刺。叶互生，稀轮生，单叶、掌状复叶或羽状复叶；托叶通常与叶柄基部合生成鞘状，稀无托叶。花整齐，两性或杂性，稀单性异株，聚生为伞形花序、头状花序、总状花序或穗状花序，通常再组成圆锥状复花序；苞片宿存或早落；花瓣5~10枚，在花芽中镊合状排列或覆瓦状排列，通常离生，稀合生成帽状体。果实为浆果或核果，外果皮通常肉质，内果皮骨质、膜质或肉质而与外果皮不易区别。

刺楸[*Kalopanax septemlobus*（Thunb.）Koidz.]，落叶乔木。树皮暗灰色，纵裂；小枝散生粗刺，刺基部宽而扁。叶在长枝上互生，在短枝上簇生，叶片近圆形，掌状5~7浅裂，裂片三角状卵形，裂片先端渐尖，基部心形，两面几无毛，边缘有细锯齿，叶柄细长，无毛。花白色或淡绿色。果球形，蓝黑色。花期7~8月，果熟期11月。

济南市内共有五加科刺楸属刺楸古树1株，位于市中区。

刺楸A2-0034

刺楸A2-0034

位于市中区市中区兴隆街道斗母村斗母泉旁，树龄400年，树高11.3米，胸径72厘米，东西冠幅9米，南北冠幅7米。该树北部树冠相对茂密。

山茱萸科
Cornaceae

落叶乔木或灌本，稀常绿或草本。单叶对生，稀互生或近于轮生，通常叶脉羽状，稀为掌状叶脉，边缘全缘或有锯齿；无托叶或托叶纤毛状。花两性或单性异株，为圆锥、聚伞、伞状或头状等花序，有苞片或总苞片。果为核果或浆果状核果；核骨质，稀木质。胚乳丰富。

车梁木（*Cornus walteri* Wangerin），亦称毛梾，落叶乔木，树皮黑褐色，纵裂，小枝暗红色，幼时有平伏毛，后脱落。叶对生，椭圆形或长椭圆形，先端渐尖，基部楔形，叶正面疏被平伏毛，背面密被灰白色平伏毛，弧形弯曲；花白色。核果球形，黑色。花期5~6月，果期8~10月。

济南市内共有山茱萸科梾木属车梁木古树2株，千佛山景区1株、市中区1株。

车梁木C0-0016

车梁木C0-0016

位于千佛山石图园西北，树龄100年，树高6.8米，胸径42.5厘米，东西冠幅7.8米，南北冠幅5.6米。该树冠大，匀称丰满。

柿树科
Ebenaceae

乔木或灌木，落叶，少常绿。单叶互生，全缘。花单性，多雌雄异株；萼片宿存，果时增大；花冠合生，裂片旋转状排列。我国仅有柿树属。

君迁子（*Diospyros lotus* L.）亦称软枣，落叶乔木。树冠卵形或卵圆形；树皮暗灰色，长方形小块状裂；幼枝灰色至灰褐色，初有灰色细毛；芽先端尖，芽鳞黑褐色，边缘有毛；叶椭圆状卵形或长圆形，先端渐尖或微突尖，基部圆形或宽楔形，羽状脉，叶正面凹陷，背面微凸，被黑色毛；浆果球形或长椭圆形，熟前黄褐色，后变紫黑色，外被蜡粉。花期4~5月，果期9~10月。

济南市内共有柿树科柿树属君迁子古树3株，均分布在章丘市。

君迁子B7-0087

位于章丘市曹范镇中楼村，树龄200年，树高6.8米，胸径63.5厘米，东西冠幅4米，南北冠幅5米。

君迁子B7-0087

柿树（*Diospyros kaki* Thunb.），落叶乔木。树冠球形或卵圆形，树皮暗灰色，呈粗方块状深裂。枝略粗壮，浅褐色，被短茸毛，冬芽三角状卵形，先端钝。叶卵状椭圆形、宽椭圆形或倒卵状椭圆形，先端渐尖或突尖，基部圆形或宽楔形，羽状脉，叶面叶正面微凸，背面突起，光绿色，质地厚；叶柄粗短。浆果形大，扁球形至卵圆形。花期5~6月，果期10~11月。

济南市内共有柿树科柿树属柿树古树2株，均分布在平阴县。

柿树B8-0013、0014

柿树B8-0013

柿树B8-0014

柿树B8-0013

位于平阴县洪范池镇云翠山南天观，树龄140年，树高10.5米，胸径37厘米，东西冠幅6.2米，南北冠幅7米。

柿树B8-0014

位于平阴县洪范池镇云翠山南天观，树龄140年，树高9.5米，胸径37厘米，东西冠幅6米，南北冠幅7米。

木犀科
Oleaceae

乔木，直立或藤状灌木。叶对生，单叶、三出复叶或羽状复叶，全缘或具齿；无托叶；具叶柄。花萼4裂有时多达12裂，稀无花萼。种子具1枚伸直的胚，具胚乳或无胚乳。

丁香（*Syringa oblata* Lindl.），灌木或小乔木。树皮灰褐色，平滑。叶对生，革质或厚纸质，卵圆形或肾形，宽大于长，先端急尖，基部心形至截形，全缘。花淡紫色或白色。蒴果倒卵状椭圆形、卵形至长圆形，顶端尖，光滑。种子扁平，长圆形，周围有翅。花期4~5月，果期6~10月。

济南市内共有木犀科蒲桃属丁香古树2株，市中区1株、历城区1株。

丁香B5-0218

丁香B5-0218

位于历城区柳埠镇四季村，树龄150年，树高5.5米，胸径40厘米，东西冠幅4米，南北冠幅5米。

流苏树（ *Chionanthus retusus* Lindl.et Paxt. ），落叶乔木。树皮灰褐色，纵裂。单叶，对生，近革质，椭圆形、长椭圆形或椭圆状倒卵形，先端钝圆、急尖或微凸，基部宽楔形或圆形，全缘或幼树及萌枝的叶有细锐锯齿，叶正面无毛，背面沿脉及叶柄处密生黄褐色短柔毛；叶柄有短柔毛。核果椭圆形，熟时蓝黑色。花期4~5月，果期9~10月。

济南市内共有木犀科流苏树属流苏树古树6株，槐荫区2株、历城区2株、长清区1株、章丘市1株。

流苏B3–0053

流苏B3-0053

位于槐荫区山东省肿瘤医院院内，树龄110年，树高8米，胸径50厘米，东西冠幅8米，南北冠幅8米。该树树冠生长良好，形状如伞。

流苏B5–0054

流苏B5-0054

位于槐荫区山东省肿瘤医院院内，树龄110年，树高8米，胸径60厘米，东西冠幅12米，南北冠幅11米。该树树冠丰满，生长旺盛。

流苏A7-0040

流苏A7-0040

位于章丘市文祖街道甘泉村，树龄300年，树高14米，胸径100厘米，东西冠幅19米，南北冠幅17米。该树生长旺盛。

流苏A7-0040

A7-0040细节图

流苏B5-0048

B5-0048细节图   B5-0048的根部

流苏B5-0048

位于历城区彩石镇捎近村，树龄200年，树高10米，胸径62厘米，东西冠幅8米，南北冠幅9米。该树树冠分布较散，高1.2米处有一直径20厘米的树洞用水泥填补。

女贞（*Ligustrum lucidum* Ait.），常绿乔木。树皮灰褐色，光滑不裂；小枝无毛。单叶，对生，革质，卵形、长卵形、椭圆形或宽椭圆形，先端锐尖至渐尖，基部宽楔形或圆形，叶正面深绿色，有光泽，背面淡绿色，无毛，边缘略向外反卷。圆锥花序，顶生，花白色，近无梗。核果肾形或近肾形，熟时蓝黑色，含种子一粒。花期5~7月，果期头年7月至翌年5月。

济南市内共有木犀科女贞属大叶女贞古树1株，位于趵突泉公园内。

女贞B0-0470

位于趵突泉公园北厕所东侧，树龄100年，树高8米，胸径70厘米，东西冠幅10米，南北冠幅10米。

女贞B0-0470

B0-0470的根部

B0-0470的树牌

紫草科
Boraginaceae

草本、灌木或乔木，一般被有硬毛或刚毛。叶为单叶，互生，极少对生，全缘或有锯齿，不具托叶。花序为聚伞花序或镰状聚伞花序，极少花单生，有苞片或无苞片；花两性，辐射对称，很少左右对称；花萼具5个基部至中部合生的萼片，大多宿存；花冠筒状、钟状、漏斗状或高脚碟状。果实为核果或小坚果，果皮多汁或大多干燥，常具各种附属物。种子直立或斜生，种皮膜质，无胚乳，稀含少量内胚乳。

厚壳树[*Ehretia thyrsiflora*（Sieb. et Zucc.）Nakai]，落叶乔木。树皮灰白色或灰褐色；枝黄褐色或赤褐色，有明显的长圆形或圆形的皮孔，小枝无毛。叶纸质，椭圆形、倒卵形或长椭圆形，先端渐尖或急尖，基部楔形至圆形，边缘有向上内弯的锯齿，叶正面无毛或沿脉散生白色短伏毛，背面近无毛疏生黄褐色毛。聚伞花序圆锥状，顶生或腋生，疏生短毛，花无柄。核果近球形，熟时黄色或橘黄色，核有皱折，成熟时分裂。花、果期4~9月。

济南市内共有紫草科厚壳树属厚壳树古树1株，位于章丘市。

厚壳树A7-0056

厚壳树A7-0056

位于章丘市相公庄街道梭庄村李氏宗祠梭庄大街，树龄300年，树高9.2米，胸径70厘米，东西冠幅8米，南北冠幅8.5米。

紫葳科
Bignoniaceae

乔木，灌木或藤本。有卷须或气生根。叶对生；单叶至一至三回羽状复叶，顶生小叶有时呈卷须状；无托叶或具叶状假托叶。花两性，二唇形，单生或总状花序或圆锥花序，花萼钟形。蒴果，通常狭长，或室背开裂，也有肉质不开裂的。种子极多，扁平，有膜质翅或丝毛，无胚乳。

楸树（*Catalpa bungei* C. A. Mey.），乔木。树皮灰褐色，纵裂；小枝紫褐色，光滑。叶对生或3叶轮生；叶片三角状卵形或长卵形，先端长渐尖，基部截形或宽楔形，全缘，叶正面深绿色，背面淡绿色，基部叶脉有紫色腺斑，两面无毛。蒴果细圆柱形。种子多数，两端有白长毛。花期5~6月，果期6~10月。

济南市内共有紫葳科梓属楸树古树1株，位于历城区。

B5-0213的树牌

楸树开花状

楸树B5-0213

位于历城区柳埠镇四季村，树龄100年，树高19米，胸径40厘米，东西冠幅3米，南北冠幅4米。

楸树B5-0213

落叶灌木或小乔木。叶对生；单叶，无托叶。花两性，辐射对称至两侧对称；聚伞花序。浆果、核果或蒴果。

接骨木（*Sambucus williamsii* Hance），落叶乔木或小灌木。髓心淡黄褐色。奇数羽状复叶，对生，有短柄，小叶椭圆形或长圆状披针形，先端渐尖或尾尖，基部楔形，常不对称，缘有细锯齿，揉碎有臭味，叶正面绿色，初被短梳毛，后渐无毛，背面浅绿色，无毛。聚伞花序，顶生白色小花，无毛。浆果状核果，近球形，红色，稀蓝紫色。花期4~5月，果期6~9月。

济南市内共有忍冬科接骨木属接骨木古树1株，位于商河县。

忍冬科
Caprifoliaceae

接骨木B10-0028

接骨木开花状

接骨木B10-0028

位于商河县沙河乡新庄村，树龄200年，树高3.5米，东西冠幅5米，南北冠幅4米。该树基部分两个主枝，有多个树瘤。

附录 济南市古树名木信息统计表

单位：株

区属	科	属	名称	古树数量			名木数量	合计
				1000年以上	300~1000年	300年以下		
长清区	柏科	侧柏属	侧柏		155	410		565
	豆科	槐属	国槐		45	54		99
	豆科	刺槐属	刺槐			1		1
	漆树科	黄连木属	黄连木			3		3
	柏科	圆柏属	圆柏		1			1
	榆科	青檀属	青檀		1			1
	紫葳科	梓属	楸树			1		1
	榆科	朴属	小叶朴			3		3
	豆科	皂荚属	皂荚		1	1		2
	榆科	榆属	榔榆			1		1
	蔷薇科	杏属	杏树			1		1
	银杏科	银杏属	银杏		2			2
	木犀科	流苏树属	流苏		1			1
	胡桃科	胡桃属	核桃		1			1
	蔷薇科	樱桃属	樱桃			19		19
	小计				207	494		701
商河县	豆科	槐属	国槐		2	36		38
	鼠李科	枣属	枣树			3		3
	豆科	皂荚属	皂荚			1		1
	蔷薇科	梨属	杜梨			1		1
	桑科	桑属	龙桑				1	1
	柏科	侧柏属	侧柏			4		4
	忍冬科	接骨木属	接骨木			1		1
	蔷薇科	梨属	鸭梨			1		1
	鼠李科	枣鼠属	龙爪枣			1		1
	小计				2	48	1	51
高新区	侧柏	柏科	侧柏属		2			2
	国槐	豆科	槐属			11		11
	柘树	桑科	柘属			1		1
	小计				2	12		14
历城区	柏科	侧柏属	侧柏	3	62	176		241
	豆科	槐属	国槐		47	53		100
	柏科	侧柏属	千头柏		2	4		6
	壳斗科	栗属	板栗		101	1		102
	豆科	刺槐属	刺槐			1		1

续表

区属	科	属	名称	古树数量			名木数量	合计
				1000年以上	300~1000年	300年以下		
历城区	松科	松属	赤松			1		1
	木犀科	蒲桃属	丁香			1		1
	杨柳科	柳属	旱柳				1	1
	胡桃科	胡桃属	核桃		2	1		3
	漆树科	黄连木属	黄连木		1			1
	木犀科	流苏树属	流苏		1	1		2
	豆科	槐属	龙爪槐			1		1
	杨柳科	杨属	加杨		1			1
	胡桃科	杨属	枫杨			1		1
	紫葳科	梓属	楸树			1		1
	石榴科	石榴树	石榴			3		3
	蔷薇科	石楠属	石楠			1		1
	槭树科	槭属	五角枫		2			2
	银杏科	银杏属	银杏		5	4		9
	松科	松属	油松		3	1		4
	柏科	圆柏属	圆柏			6		6
	豆科	皂荚属	皂荚		3	1		4
	豆科	紫藤属	紫藤			1		1
	小计			3	230	259	1	493
槐荫区	柏科	侧柏属	侧柏		2	5		7
	豆科	槐属	国槐			1		1
	银杏科	银杏属	银杏			40		40
	木犀科	流苏树属	流苏			2		2
	豆科	皂荚属	皂荚			2		2
	小计				2	50		52
千佛山	柏科	侧柏属	侧柏		12	326		338
	豆科	槐属	国槐	1		2		3
	榆科	朴属	小叶朴				1	1
	大戟科	乌桕属	乌桕				2	2
	山茱萸科	山茱萸属	车梁木				1	1
	小计			1	12	328	4	345
泉城公园	鼠李科	酸枣属	酸枣			2		2
	蔷薇科	樱属	樱花				167	167
	小计					2	167	169
动物园	漆树科	黄连木属	黄连木				1	1
	小计						1	1

续表

区属	科	属	名称	古树数量			名木数量	合计
				1000年以上	300～1000年	300年以下		
林场	柏科	侧柏属	侧柏			4		4
	银杏科	银杏属	银杏			2		2
	榆科	青檀属	青檀			1	208	209
	小计					7	208	215
历下区	柏科	侧柏属	侧柏			2		2
	豆科	槐属	国槐		10	10		20
	蔷薇科	苹果属	海棠	1	1			2
	胡颓子	胡颓子属	沙枣			2		2
	银杏科	银杏属	银杏			1		1
	豆科	皂荚属	皂荚		4	1		5
	小计			1	15	16		32
市中区	柏科	侧柏属	侧柏		14	7		21
	豆科	槐属	国槐		9	19		28
	松科	松属	白皮松			4		4
	豆科	刺槐属	刺槐			4		4
	五加科	刺楸属	刺楸		1			1
	木犀科	蒲桃属	丁香		1			1
	鼠李科	朴属	小叶朴			2		2
	银杏科	银杏属	银杏	1				1
	鼠李科	枣属	枣树		2			2
	豆科	皂荚属	皂荚			2		2
	鼠李科	酸枣属	酸枣			1		1
	山茱萸科	山茱萸属	车梁木		1			1
	小计			1	28	39		68
天桥区	豆科	槐属	国槐			5	1	6
	柏科	侧柏属	侧柏		7			7
	小计				7	5	1	13
章丘市	柏科	侧柏属	侧柏		21	38		59
	豆科	槐属	国槐	1	32	31		64
	壳斗科	栗属	板栗		1			1
	松科	松属	赤松		1	2		3
	豆科	皂荚属	皂荚			1		1
	银杏科	银杏属	银杏			1		1
	豆科	槐属	龙爪槐			1		1
	豆科	刺槐属	刺槐			0		0

续表

区属	科	属	名称	古树数量			名木数量	合计
				1000年以上	300~1000年	300年以下		
章丘市	紫草科	厚壳树属	厚壳树		1			1
	胡桃科	胡桃属	核桃		1			1
	木犀科	流苏树属	流苏		1			1
	柿树科	柿属	君迁子			3		3
	松科	松属	油松		1	1		2
	小计			1	59	78		138
平阴县	柏科	侧柏属	侧柏		32	50		82
	豆科	槐属	国槐		12	7		19
	松科	松属	白皮松		36			36
	豆科	皂荚属	皂荚		1			1
	榆科	榆属	白榆			2		2
	榆科	榆属	大果榆			1		1
	漆树科	黄连木属	黄连木		1	2		3
	无患子科	栾属	栾树			1		1
	柿树科	柿树属	柿树			2		2
	杉科	水杉属	水杉				3	3
	松科	松属	油松			2		2
	柏科	圆柏属	圆柏		2			2
	胡桃科	胡桃属	核桃		1			1
	小计				85	67	3	155
济阳县	豆科	槐属	国槐		3	12		15
	柏科	侧柏属	侧柏			1		1
	鼠李科	枣属	枣树			1		1
	豆科	皂荚属	皂荚			1		1
	小计				3	15		18
大明湖	柏科	侧柏属	侧柏			1		1
	豆科	槐属	国槐		1	1		2
	杨柳科	柳属	旱柳			1		1
	蔷薇科	梨属	杜梨				1	1
	柏科	圆柏属	桧柏			3		3
	七叶树科	七叶树属	七叶树				3	3
	杉科	水杉属	水杉			1		1
	银杏科	银杏属	银杏			2		2
	豆科	皂荚属	皂荚				1	1
	豆科	紫藤属	紫藤			1		1

续表

区属	科	属	名称	古树数量			名木数量	合计
				1000年以上	300~1000年	300年以下		
大明湖		小计			1	10	5	16
趵突泉	柏科	侧柏属	侧柏			1		1
	豆科	槐属	国槐		1			1
	木犀科	女贞属	女贞			1		1
	卫矛科	卫矛属	扶芳藤			1		1
	榆科	榆属	榔榆			1		1
	柏科	侧柏属	千头柏			7		7
	石榴科	石榴属	石榴			1		1
	卫矛科	卫矛属	丝棉木			1		1
	松科	松属	油松			1		1
	柏科	圆柏属	圆柏			2		2
		小计			1	16		17
中山公园	柏科	侧柏属	侧柏			34		34
	豆科	皂荚属	皂荚				1	1
	楝科	楝属	苦楝				1	1
	蔷薇科	梨属	杜梨				1	1
	榆科	朴属	珊瑚朴				1	1
	柏科	圆柏属	桧柏			65		65
		小计				99	4	103
总计				7	655	1544	395	2601